JN139838

ブラックホール

Black Hole

How an Idea Abandoned by Newtonians, Hated by Einstein
and Gambled on by Hawking Became Loved

ブラックホール

アイデアの誕生から観測へ

マーシャ・バトゥーシャク 著
Marcia Bartusiak

山田陽志郎 訳
Yoshiro Yamada

地人書館

Dedicated to my students, past and present, in the Graduate Program in Science Writing at the Massachusetts Institute of Technology, who daily inspire me

BLACK HOLE
How an Idea Abandoned by Newtonians,
Hated by Einstein, and Gambled on by Hawking Became Loved

Japanese translation rights arranged
with Marcia Bartusiak c/o Lippincott, Massie McQuilkin, New York
through Tuttle-Mori Agency, Inc., Tokyo

ブラックホール　目次

日本語版凡例

・本書は、マーシャ・バトゥーシャク（Marcia Bartusiak）による *BLACK HOLE: How an Idea Abandoned by Newtonians, Hated by Einstein, and Gambled on by Hawking Became Loved*（Yale University Press, 2015）の全訳である。

・本文中の［ ］は著者、〔 〕は訳者による補いである。

・本文中に付されている（1）、（2）、……などは、巻末（二四三頁〜二五九頁）に、各章ごとにまとめられている「原注および出典」の各項目に対応する番号である。

・本文中に付されている〔1〕、〔2〕、……などは、巻末（二四〇頁〜二四二頁）に、各章ごとにまとめられている「訳注」の各項目に対応する番号である。

はじめに

ブラックホールほど魅惑的な概念はなかなかない。未知なるものへの興奮だけでなく、危険や放棄の感覚すら秘めている。ブラックホールの境界に接近することは、ナイアガラの滝の崖っぷちに近づくようなものだ。激流への落下を想像しながらも、それは丈夫な障壁の向こうのことであり、絶対に危険はないと信じられる。実際、地球に最も近いブラックホールでも、ありがたいことに数百光年も離れている。そこで本書では、危険な暗黒宇宙の旅を間接的に体験することになる。

カクテルパーティで、天体物理学者が質問されるのがたいていブラックホールだ。風変わりなのだから無理もない。ブラックホールの専門家で、カリフォルニア工科大学（カルテック）の理論物理学者であるキップ・ソーンは「ユニコーンやガーゴイルのように、ブラックホールは本物の宇宙より、SF・古代神話の世界ですっかりおなじみだ[1]」と書いている。

テキサス大学の天体物理学者J・クレイグ・ホイーラーは、ブラックホールを一種の文化的象徴であると言う。彼曰く「ほとんど誰もがブラックホールのことを、すべてを呑み込み、あとに何も残さないという巨大な胃袋のようなものととらえている[2]」。

過酷な存在であり、地球上のものではない不気味さを持つブラックホールは、物理学者からは何十年も拒絶されてきたが、いまや賛美されるにいたった。よく引用される名言によれば、「真実というものはみな三つの段階を経るものだ。最初は馬鹿にされ、次いで猛反対にあう。そして最後には、わかりきったこととして認められるのだ[3]」。ブラックホールの概念は、まさにこのとおりのプロセスを経てきた。

天文学者や物理学者にとって、アルベルト・アインシュタインの最も有名な業績である一般相対性理論〔以下、一般相対論〕を真剣に考えるきっかけとなったのが、ブラックホールだった。一時期、一般相対論は絶望の谷間に入ってしまった。アインシュタインは、『タイム』誌から「二〇世紀の人」として称えられたが、そのような栄誉が与えられることは、二〇世紀半ばの科学界では驚嘆すべきことだった。当時、一般相対論を教えている大学は世界的にもほとんどなかったし、物理学者にとっても役立つものとは思われなかった。優秀な学者たちは、ほかの分野に群がった。有名な皆既日食の観測によってアインシュタインの一般相対論が立証されたあの一九一九年の嵐のような興奮がおさまると、この著名な物理学者の重力理論は無視同然の状態となった。想定される速度が遅く、星といっても普通の星という日常の世界では、アイザック・ニュートンの重力理論がぴったり当てはまっている。一般相対論が示すわずかな違いに関心が向かないのも当然である。役に立つのか？　ある批評家は言った。「アインシュタインの予測では、ニュートン理論からのわずかなずれについて述べているが、いったい何を気にしなければならないのか[4]」。その後、アインシュタインの重力理論は、いかなるものとも関わりがないかのように思われた。アインシュタインが亡くなった一九五五年までには、一般相対論はもう低迷期に入っていた。ほんの一握りの物理学者だけが関連分野で研究をしていた。ノーベル賞受賞者のマックス・ボルンは、アインシュタインの長年の親友だったが、アインシュタインが亡くなった年のある会議で告白している。「私には、一般相対論がまるで芸術作品のように感じられ、それに魅了され、感心して眺めていたものだ[5]」。

しかし、実際にアインシュタインが行なったのは、その先何十年も先を行くような理論を構築したことだった。純粋に直感的考察から作り上げた彼の重力モデルに、実験や測定が追いつく必要があった。高度な技術によって、天文学者が宇宙の驚くべき現象を発見するまでは、科学者がアインシュタインの重力理論を真剣に考えるということはなかった。一九六三年に最初のクエーサーが発見された。

遠方にあるその若い銀河の中心部からは、太陽が放つ一兆倍[6]ものエネルギーが吐き出されていた。その四年後、観測者は、もっと身近なところで最初のパルサーを偶然発見した。パルサーは、高速に自転しながら断続的に電波を出している。一方、宇宙空間からの観測で、強力なエックス線源やガンマ線源が空のあちこちに見つかった。こうした当惑するような新たな信号は、いずれも恒星が崩壊した天体、すなわち中性子星やブラックホールからのものだった。押しつぶされるような強い重力や目にもとまらぬ高速自転によって、異常な発電機が生じていた。こうした新たな天体が検出され、「宇宙」は再び活気を帯び、莫大なエネルギー源に満ちたアインシュタイン的宇宙に変貌した。それは、相対論という光で照らしてのみ理解できるものだった。

天体物理学者が最終的に発見、認識したのは、一般相対論の深淵な美学ともいうべきブラックホールだったのである。「それは宇宙に存在する最も完全なる微小天体です」と、一九八三年のノーベル物理学賞受賞者であるスブラマニアン・チャンドラセカールは言う。ブラックホールは、物理学者が理論的成果で望むあらゆるものを提供してくれる。単純さも、そして美しさも。チャンドラセカールは聴衆に語る。「美しさ、それは真理の輝きです[7]」。

かつて一般相対論は、刺激のない居心地のよい分野になっていたが、いまや理論上も実験上も活発な研究分野になっている。ブラックホールは、もはや風変わりな存在ではなく、宇宙の重要な構成要素になっている。発達した銀河には、たいていその中心部に超巨大ブラックホールがあるようである。その銀河の存在自体も、そのブラックホール次第かもしれないのだ。天体望遠鏡は、現在銀河系（天の川銀河）の中心に存在する巨大な穴に迫っている。同時に、銀河系外でブラックホールどうしが衝突する際に発する、時空の雑音ともいうべき重力波を検出しようと、最新鋭の天文台が待ち構えている。アメリカの相対論研究の長老、ジョン・アーチボルド・ホイーラーは、かつて、自叙伝の献辞で次のように述べている。「我々は、宇宙がいかにシンプルであるか、いかに不思議なものであるかを知ることだろう[8]」。

しかし、そうした知識に到るまでには、二〇〇年以上の時間がかかっている。一七八〇年代、ブラックホールというアイデアの前身から、二〇世紀後半に観測で証明されるまで。この期間中のほとんど、宇宙のこの不思議な存在については、無視されるか強く反論されてきた。多くの抵抗の末、物理学者はブラックホールの存在をついに容認するに至った。

あとになって考えてみると、物理学者がなぜそのような抵抗をしていたのか理解に苦しむ。ブラックホールのアイデアというのは実際かなりシンプルで、質量があり自転をしている。ある点では、電子やクォークくらい基本的な存在と言える。それでも、長い間物理学者を困惑させたのは、ブラックホールの究極的な性質、すなわち、物質が一点に押しつぶされているということだった。恒星についてのそのような終局は、科学にとどまらず哲学的問題でもあった。物理学者は、自然はそのような馬鹿げた振る舞いはしない、できないと信じ込んでいた。半世紀以上にわたり、一握りの物理学者が流れに抗して、ブラックホールのアイデアを押し進めていった。いまや二〇一五年、一般相対論一〇〇周年の記念すべき年を迎えた。いまここに、ブラックホールの認知に向けた、失望や機知、爽快、そして時にはユーモアのある戦いの物語をお届けする。本書は、ブラックホールの解説書でもなければ、天文学の最新の発見や理論的発見を報じるものでもない。アイデアの歴史書である。

第1章

宇宙で最大級に明るい天体が見えなくなる理由

ニュートン、ミッチェル、ラプラス

すべては、サー・アイザック・ニュートンから始まった。

そうした昔にさかのぼってみよう。概念としてのブラックホールの祖先は、実はもっと以前にさかのぼることになる。いまや忘れ去られてしまった古代の学者、すなわち当時のニュートンやアインシュタインにあたる人々は、なぜ地面の上にしっかりと立っていられるのか思案したことだろう。過ぎし時代の新進の学者にとっては当然の疑問であった。

すべてのものが重力によって中心に向かおうとする。重力は、秋の木立から葉が落ちるのと同様に、太陽のまわりを回る惑星の動きを支配している。私たちが知っている力ではあるが、重力を理解するには何世紀もかかっている。なぜ物体は下に、地球の表面に向かってひっぱられるのか。二〇〇〇年以上も昔、アリストテレスなど古代の哲学者は、地球が宇宙の中心にあるからだとした。したがって、当然ながら、すべてのものが地球に向かって落ちていく[1]。人間も馬も、荷車もバケツも、すべてあるべき位置へと追いやられる。その結果、私たちは地球にしっかりと引きつけられることになる。それが、物体の自然な状態であるとした。

この説明は、日常経験からすると完全に筋が通っている。しかし、それもニコラス・コペルニクスが歩みを進め、劇的に宇宙観を一変させてしまうまでのことだった。一五四三年、ポーランドの司教座聖堂参事会員（教会の行政職）の一人が、地球は他の惑星とともに、太陽のまわりを回っていると敢えて主張した。そうした理論体系は、紀元前三世紀のサモス島のアリスタルコスのような人により、以前にも提案されたことがあったが、それがコペルニクス以前に根付くことはなかったのである。結果として、長年にわたり前提とされてきた理論体系は全面的に見直しが必要になった。地球はもはや宇宙の中心ではなく、代わって太陽が中心になり、地球はそのまわりを回ることとなった[2]。この新たな配置は、ヨーロッパの一部知識人にとって刺激となり、惑星の運動の背後にあるメカニズムや重力の法則を考え直すきっかけとなった。挑戦が始まったのだ。

地球は巨大な磁石であるというイギリスのウィリアム・ギルバートの主張[3]にヒントを得て、ドイツの数学者ヨハネス・ケプラーは、太陽から放射する磁力線が惑星運動の原因ではないかと考えた[4]。それに対して、一六三〇年代にフランスの哲学者ルネ・デカルトは、宇宙に満ちている希薄な物質、エーテルの渦[5]によって捉えられた葉のように惑星が運ばれていくと考えた。

ところが、アイザック・ニュートンが一六八七年に、もっと厳密な形で重力や惑星運動の法則を提示してからというもの、こうしたアイデアはすべて覆されることとなった。それは、ニュートンの著作の最高傑作ともいうべき『自然哲学の数学的原理』であった。今日の私たちは単に〔ラテン語の原書名から〕『プリンキピア』と呼んでいる。ニュートンは当時四四歳であったが、彼の新しい重力理論は、もっと以前から思いついていたものであった。

それは、一六六五年、王政復古によってチャールズⅡ世が在位していたときであり、ペストが再び猛威を振るっていたときでもあった。流行がおさまるのを待つため、ニュートンはしばらくケンブリッジ大学を離れ、ノッティンガムのすぐ東に位置するウールスソープという村にある生家に戻っていた。早熟の学生が庭先でリンゴの落ちるのを見たという伝説はここが舞台だろう。それでヒントを得、物体が一定の加速度で地球に落下する性質について考えることになったのだろうという話だ。リンゴに働くのと同じ力が、月にも働いているのだろうかとニュートンは考えた。数学が得意であった彼は独力で、月が地球に向かって落ち続けていることを計算で示した。距離の二乗に比例して弱まるような地球からの引力で、月の軌道は曲がっていた。別の言葉で言えば、二つの物体の距離を二倍にすると、

イギリス、ウールスソープ・マナーにある有名な木（中央）。この木から、重力の影響でリンゴが落ちるのをニュートンは見たといわれている（Roy Bishop, Acadia University, courtesy of American Institute of Physics Emilio Segrè Visual Archives）

それらの間に働く力は四分の一になるということで、もし距離を三倍にすると、力は九分の一になる。計算上、その力はあらゆる方向に影響を及ぼしていることになる。しかし、ニュートンの初期の計算は完璧というわけではなかったので、彼は何年もその問題を保留にしていた。「彼はためらい、苦悩した[6]」と言うのは、ニュートンの伝記作家リチャード・ウェストフォールだ。しばらくは問題の複雑さに圧倒され、挫折を味わっていた。

ニュートンの重力に対する関心は、一六七〇年代に入るまで再燃することはなかった。それは、イギリス王立協会の実験主任、ロバート・フックが重力を説明する一連の推論で注目を集めた時期であった。その推論というのは次のようなものだった[7]。すべての天体は、各天体の中心へ向かう重力を持っており、その力で他の天体を引っぱっている。その力は天体に近いほど強くなる。フックは、一般的な規則を提示したのだが方程式はまだ示していなかった。論文で書いているように、彼が解決できなかったのは、惑星運動に必要なのが「円か、楕円か、あるいはもっと別の複雑な曲線なのか[8]」ということだった。一六七九～八〇年の冬にフックとの文通を行なったニュートンは、大いに刺激を受けた。そして、若いときに取り組んだ問題に改めて向き合うことになった。

ニュートンは当初、その革命的な成果を誰にも話さないでいた。それは、かなりの非社交的性格とライバルであるフックを警戒していたからであった。自分の研究が批判されるのではないかと心配だった。一度、同僚に告白文の手紙を書いたことがあった。「私は……論争になりかねないことを書くのをためらっています[9]」。ハレー彗星で有名なあのエドモンド・ハレー[1]のおかげで、ニュートンは『プリンキピア』を書くことになるのだ。一六八四年に、ニュートンのもとをたずねたハレーは、ニュートンに対し、逆二乗の法則のもとでは惑星はどのように動くだろうかと聞いた。「楕円だ[10]」と彼は自信を持って答えた。それまで何年にもわたり、取り組んでいた問題だった。

まさにそのときから、ハレーはニュートンの心からの支持者となった。ハレーの粘り強い勧めと財政支援によって、ついにニュートンもやる気を起こし、重力についての名著を書くことになる。いったん引き受けたことは、けっして翻すことはなかった[11]。ニュートンは、熱中すると寝食を忘れてしまうほどだったと、ウェストフォールは述べている。ハレーは、我を忘れるほどの知性の高揚を再び誘発させたのである。ニュートンは、それまで取り組んでいた問題（古典的な数学、神学、化学など）をすぐさま中断し、伝説となるほどの集中力をすべて重力の研究に投じ完成をめざした。精度のよい地球の測定値を得て、月を地球方向に引っぱる力が間違いなく逆二乗の法則で働いていることや、そうした力が惑星の軌道を楕円にしていることを証明して見せた。惑星軌道が楕円であることは、ケプラーが一六〇九年に明らかにした事実であった[12]。ケプラーは、観測値から惑星軌道が楕円であることを知ったのだが、なぜ楕円になるのかはわからなかった。数十年後、重力の法則の帰結として、そのような軌道になることをニュートンが数学的に証明したのである。観測と理論、それぞれの側から研究が進められていき、関連しあい、合致を見るにいたったわけである。

『プリンキピア』の執筆には、やむを得ない事情もあり二年近くを要した。最初の計算でうまくいったことから、ニュートンは新しい法則をさまざまなケースに応用していった。その結果、長年天文学で問題になっていたことも解決できたようだった。重力によって、潮の満ち引きや地球の歳差（地球の赤道部のふくらみに、月や太陽の重力が働き、自転軸の向きがかわること）[2]、そして、彗星の軌道の問題を解くことができたのだ。推測を拡げ、重力は、自然界のすべての物質がもつ基本的、普遍的な力であるとニュートンは言明した。万有（universal）という見方は、重要な洞察であった。地面に落ちるリンゴを引っぱっている「何か」が、月にも働き、地球のまわりを周回させている。「自然界は、不必要なものなどないシンプルな存在だ[13]」とニュートンは書いている。宇宙と大地とは、アリストテレスが考えていたような別々の世界ではなく、同一の物理法則で動いているのである。ある物体が他の物体を引っぱる「重力」は、宇宙のあらゆる階層、地球上、太陽系内、恒星間、銀河間、銀河団相互に同じように作用している。

しかし、ニュートンの重力の法則には、一つ問題があった。その法則によれば、岩石を地球へ引っぱり、衛星を惑星へ引っぱりと、距離の違いはあれ、重力は遠方にまで及んでいる。このことは、多くの者にとって、科学というより神秘主義に通ずるものと思われた。批判をする者は、重力が伝わる物理的なメカニズムを問うのだった。何世紀にもわたり自然哲学者が考えてきたものが、まさにそれだった。重力はどのようにして働くのか？　磁力や渦のようなものだろうか？　これについてはニュートンは『プリンキピア』で有名な言明をしている。「私はまだ、重力の特性がいかなる原因から来ているのかを推測できないでいるし、仮説を捏造したりはしない[14]」。ニュートンは、同時代の人々とは異なり、宇宙の見えない仕組みのようなものについて、推測したり作り上げるようなことはしなかった。重力の法則によって、惑星の運動や砲弾の軌道が正確に計算できれば、ニュートンは基本的に満足だった。時がたち、物理学コミュニティは最終的にすべてニュートンの側につくこととなったが、その大きな助けとなったのが天空の旅人だった。

歴史上の記録を調べていたハレーは、一六八二年に現われた彗星が、一五三一年や一六〇七年に現われた彗星と共通点が多いことに気づいた。よく似た軌道で、惑星とは逆向きに太陽を回っていた。太陽をまわる周期はそれぞれ七五～七六年と見られた。一七〇五年、ハレーは、ニュートンの法則に基づいて彗星の軌道を計算してみると、その彗星は一七五八年末に再来するようだった[15]。事実はそのとおりになり、それはハレーの死から一六年後、ニュートンの死から三一年後のことだった。ハレーの彗星の一件で、ニュートンの重力理論への批判はたちまち影をひそめた。半世紀以上も先の太陽系内の状況を正確に予測する、そんな理論を誰が批判できようか？　作用するメカニズムが不明であるにもかかわらず、ニュートンの重力の法則がついに勝利した瞬間であった。

一八世紀の科学者は、ニュートンの法則を用いることによって、宇宙というものが、油をよくさした時計のように、本質的に理解できるものであると考えるようになった。多くの天文学者が、ニュートンの編み出した数学的規則を使って、惑星の運動や潮汐の予報に長時間取り組むようになった。同様に恒星も、重力の法則を確かめる格好の天体であった。また、恒星への応用は、ブラックホールの前身（簡素版ともいえる）が現われるきっかけにもなった。ジョン・ミッチェルというイギリス人がニュートンの法則を、想像しうる最も極端なケースに応用したとき、異様なものの存在が浮上してきたのである。

*

ミッチェルは科学的発見の黄金時代の人である。彼はその時代の輝きを一層強めることになった。地質学、天文学、数学に通じ、ヘンリー・キャヴェンディッシュやジョゼフ・プリーストリーといったロンドン王立協会の著名人たちや、協会のアメリカ特別会員であるベンジャミン・フランクリン（外交官として二度ロンドンに長期滞在した）とも親交があった。科学史家のラッセル・マコーマッ

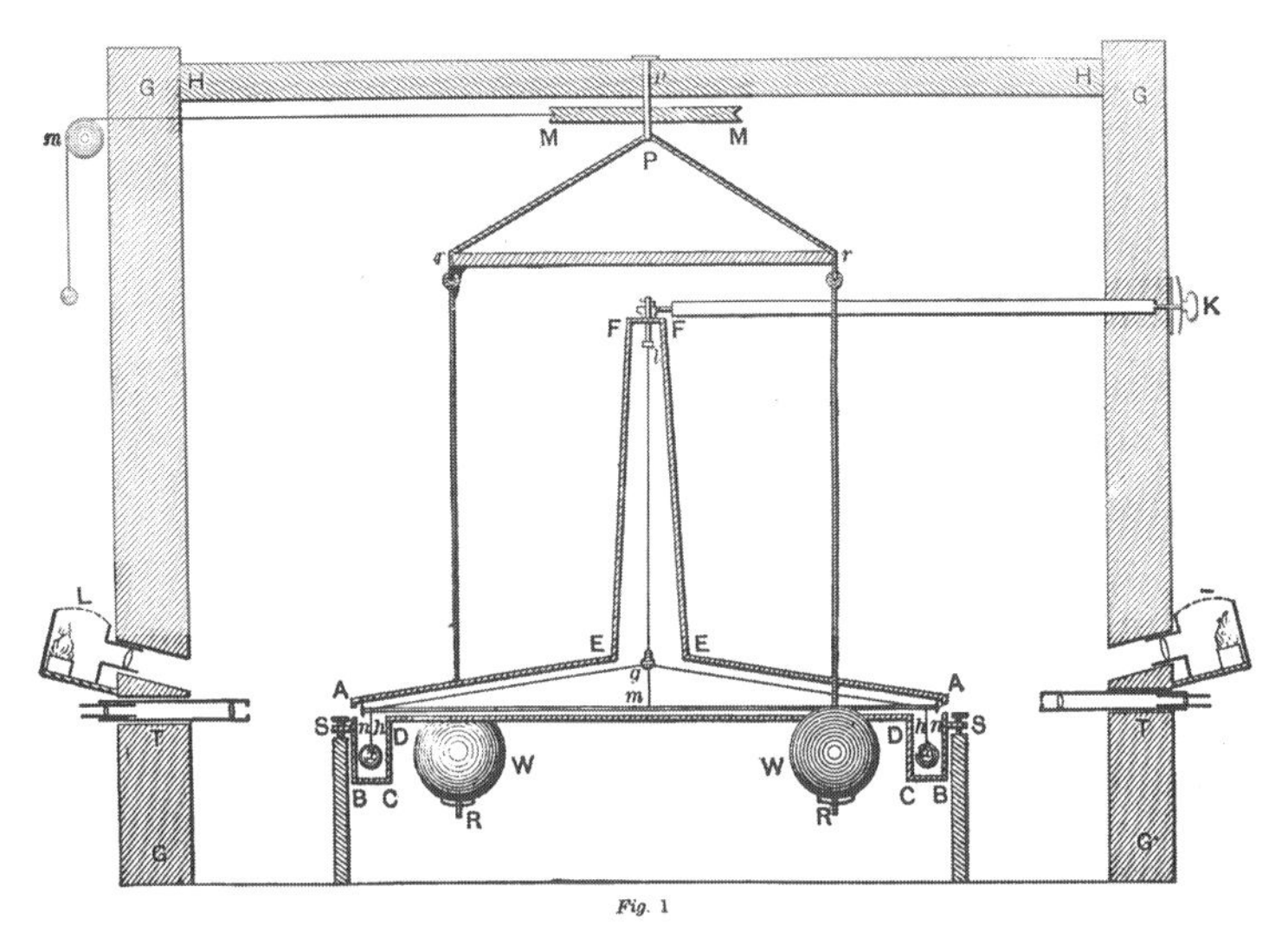

ジョン・ミッチェルの設計に基づき、ヘンリー・キャヴェンディッシュが1797～98年の測定に使用した「ねじりばかり」(*Philosophical Transactions of the Royal Society of London*)

クが書いているように、ミッチェルは一八世紀の自然哲学者[3]の中で最も独創的な主張をしていた[16]。たとえば、彼は早い時期から、地球の地層が折り曲げられ隆起や沈降をすることに気づいていた。現在、もしミッチェルの名前が知られているとすれば、それは、地震というものは地殻内を弾性波として伝わるものだと一七六〇年に提唱したためである。このため、ミッチェルは近代地震学の父と呼ばれている[17]。一七五五年、ポルトガルのリスボンを破壊した大地震を詳しく調べ、さまざまな記事を比較した結果、彼は震源の深さ、位置、発生時刻を計算することができた[18]。震源は大西洋西部だった。

　ミッチェルはまた、ニュートンの重力方程式に使われている重力定数を測定する精密な器械を設計した。これにより地球の重さをはかることも可能になるものだった。その実験が行なわれる前に彼は亡くなってしまうのだが、友人のキャヴェンディッシュがさらに改良を行ない、地球の質量の測定に成功したのだった。[19]

そうした業績にもかかわらず、ミッチェルは、ありふれた研究を載せている学術誌に、自らの洞察力をあからさまにしない、という不幸な性癖があった[20]（たとえば、磁力の逆二乗の法則についても、公式の発見の数十年前に彼は発見していた）。そのため、注目されることもなかった。彼の素晴らしいアイデアの一部は、通常、傍注や脚注に書かれていた。こうして、彼は永続的な名声を逃してしまったのである。

ミッチェルは、ケンブリッジのクイーンズ・カレッジで科学的研究を開始した。英国国教会の牧師の息子である彼は、一七四二年にクイーンズ・カレッジに入学した。一七歳であった。卒業後もクイーンズ・カレッジにとどまり、長年教育に携わった。当時の記録によると、彼は背が低く、顔色は暗く太っていたそうだ。[21] 非常に独創的で優れた哲学者として尊敬されていた。ケンブリッジにいる間に、ミッチェルはチャールズ・ダーウィンの祖父にあたる若きエラズマス・ダーウィンに個人指導もしていた。エラズマス・ダーウィンは自分の教師のことを「一等星の彗星[22]」などと呼んでいた。

一七六三年までにはメアリーと結婚する準備もでき、ミッチェルは教育界を去り、教会に身を投じることになる。西ヨークシャー、ソーンヒルの村に落ち着くこととなり、一七九三年、ここで六八歳の生涯を聖職者として終えることになる。しかし、教会での数十年の間にも、ミッチェルは広範な科学的好奇心を抑えてはいなかった。[23] 興味深い問題を探りあてる才能があり、一流の数学スキルに基づき、果敢に思索を巡らした。その時期、まさにイギリスがアメリカ独立戦争から立ち直りつつあったが、彼の面白い推測の一つが、今日我々がブラックホールと呼ぶものだったのだ。

ブラックホールのアイデアは、ミッチェルによる初期の予想から発展したものである。一八世紀の天文学者は、当時最新鋭の望遠鏡を使って、より多くの二重星を観測し始めていた。そうした二重星は、実際にはそれぞれ地球から異なる距離にあり、たまたま同じ方向に見えるだけ、すなわち、接近しているのは見かけ上のことであると考えられていた。しかし、ミッチェルは、ほとんどすべての二重星は重力で引きあっているはずだと考えた。驚くべき洞察力である。

彼は、一部の恒星はペアで存在するという、当時の天文学者ではまったく新しい考えの持ち主だった。革新的な論文が一七六七年に発表された。その中でミッチェルは、恒星が空の中で偶然に並ぶ確率が、極めて低いことを算出した[24]（いつものように、脚注でその計算を示していた）。彼は、天文学の数学的手段として初めて統計学を導入したのだった。天文学史を専門とするマイケル・ホスキンによると、その論文は「一八世紀の恒星天文学において、最も革新的で洞察に優れたものとなった[25]」。

同時にミッチェルは、恒星の性質、どれだけ明るいのか、どれほどの質量なのか、大きさはどのくらいなのか、といったことを連星なら調べやすいということも理解していた[4]。太陽よりも明るい恒星や暗い恒星もあるだろうということも。彼は果敢にも、白い恒星は赤い恒星よりも明るいのではないかとも考えた。「極めて白い色の光を生じる炎は、群を抜いて明るい[26]」と論文中で指摘している。となると、二つの恒星が互いに回り合っている場合には、彼のその考えをテストするのに最高の実験室となるわけだ[5]。それでも、当時のほとんどの天文学者はそうした問題に興味を示さず、新惑星の衛星を発見することや、新惑星の動きを正確に追跡することで忙しかった。彼らにとって、恒星はそれほど興味深いものでもなく、太陽系や太陽系天体の測定のために使う便利な〝背景〟にすぎなかった。太陽や月、惑星が、当時の天文学者にとって主たる観測対象だったのである。

イギリスの偉大な天文学者、ウィリアム・ハーシェルは、ミッチェルの友人でもあったが、彼はまったくの例外で、慣習的な天文研究から外れるようなこともしばしばであった。ミッチェルの連星に関する論文から一二年というもの、ハーシェルは二重星の観測をし、そのカタログを作成していった。ミッチェルは、ハーシェルの二重星カタログを天文界への最も価値ある贈り物であると賞賛した。[27]ミッチェルは、さらにアイデアを発展させた連星についての論文を一七八四年に発表した。そのタイトルは非常に長いもので、「本目的のために一層必要性を増す観測からは他のデータも得られるが、いずれの恒星においても見いだせるはずの光の速度減少の結果として、恒星の距離、等級、その他を発見する手段について」[28]である（息が切れる。ふぅー！）。この論文からミッチェルは、ブラックホール、少なくとも一八世紀のニュートン力学版ブラックホールの可能性についてヒントを得ることになる。

著名なヘンリー・キャヴェンディッシュは、水素や、水素と水の関係についての発見者であるが、一七八三年一一月と一二月、そして一七八四年の一月に開催された王立協会の一連の会合の前にはミッチェルの論文を読んでいた。[29][6]論文は、その後王立協会発行の学術論文誌に二三ページにわたり掲載された。[7]ミッチェルは王立協会に熱心で、[30]少なくとも年に一度は、ヨークシャーから二〇〇キロも離れた骨の折れる距離をロンドンまで旅をしていた。協会の会合に出席するか、あるいは協会メンバーと会うためだった。不可解なことだが、こうした冬季の会合をのぞけば、聖職者である彼は家から離れることはなかった。病気がちだったのか、旅行に充てる金がなかったのか、それとも、いや、おそらくは騒がしいごたごたに巻き込まれたくなかっただけかもしれない。当時の王立協会の会長、植物学者のサー・ジョゼフ・バンクスを何とか追い払おうという運動が進行していたのだ。キャヴェンディッシュへの手紙（発表前の論文）は、ミッチェルにとって予備査読を依頼するような意味もあっ

VII. *On the Means of discovering the Distance, Magnitude,* &c. *of the Fixed Stars, in consequence of the Diminution of the Velocity of their Light, in case such a Diminution should be found to take place in any of them, and such other Data should be procured from Observations, as would be farther necessary for that Purpose. By the Rev.* John Michell, *B. D. F. R. S. In a Letter to* Henry Cavendish, *Esq. F. R. S. and A. S.*

Read November 27, 1783.

DEAR SIR, Thornhill, May 26, 1783.

THE method, which I mentioned to you when I was last in London, by which it might perhaps be possible to find the distance, magnitude, and weight of some of the fixed stars, by means of the diminution of the velocity of their light, occurred to me soon after I wrote what is mentioned by Dr. PRIESTLEY in his History of Optics, concerning the diminution of the velocity of light in consequence of the attraction of the sun; but the extreme difficulty, and perhaps impossibility, of procuring the other data necessary for this purpose appeared to me to be such objections against the scheme, when I first thought of it, that I gave it then no farther consideration. As some late observations, however, begin to give us a little more chance of procuring some at least of these data, I thought it would not be amiss, that astronomers should be apprized of the method, I propose (which, as far as I know,

F 2 has

ジョン・ミッチェルが、ニュートン力学版「ブラックホール」の存在を初めて提案した18世紀の科学論文（*Philosophical Transactions of the Royal Society of London*）

た。[31] ミッチェルは、自分の論文の斬新さを理解しており、協会が彼のアイデアを認めやすくするために、親しい友人であり名高い同僚が彼のアイデアを提示することを考えたのではないかと推測する歴史家もいる。[32]

恒星を研究するためにミッチェルが提案した革命的な方法とは、光の速度に関するものだった。連星を成す二つの恒星を何年にもわたり詳しく観測することで、恒星の質量を計算することができるとミッチェルは述べていた。それはニュートン力学の最も基本的な応用だった。軌道全体の幅と軌道周期がわかれば、二つの恒星の質量を見積もることができた。それぞれの恒星の重力が他方の恒星の運動に影響しているならば、重力は光に対しても影響するはずだった。[33] 光というものが、粒子の群から成ると考えられていた時代である。それは、影響力のあるニュートンが光の粒子説を支持していたことによる。

恒星から光の粒子が出ていくところを想像してほしい。宇宙空間に出ていく光の粒子は、物体同様、恒星の重力で引かれるとミッチェルは考えた。恒星が大きいほど、光をとらえようとする重力も強くなり、光は減速する。これが論文のタイトルにあった「光の速度減少」であった。望遠鏡に入射する恒星からの光の速度を測れば、恒星の質量を知ることができるというのである。

ここで「ブラックホール」の可能性が出てくる。ミッチェルは、シナリオを極端な状態にまで拡張した。恒星の質量があまりにも大きくなると、光は恒星の重力ですべて恒星に戻ってしまうと[34]──。それはちょうど、泉から水が吹き上がるのと同じように、ある高さまで行くと今度は噴出孔に落下していく。光の粒子一つさえも恒星から逃れられず、その恒星は空の中の暗黒の点のように、永久に見えないことになる。ミッチェルの計算によれば、恒星が太陽の密度のまま、およそ直径が五〇〇倍になれば光が逃れられない状態になるという。太陽系で言えば、火星の軌道を越えるほどの大きさの恒星ということになる。

一七九六年、フランス革命のさなか、数学者のピエール・シモン・ド・ラプラスは、ミッチェルとは無関係、独立に同様の結論に到った。ラプラスは、有名な著書『宇宙体系の解説』の中で、こうした天体を簡潔に「コール・オプスキュール」(隠れた天体)[8]と呼んだ。その書は、宇宙に関する当時の手引書と言ってもよい内容であった。「明るい恒星が、地球と同じ密度を持つ一方、直径が太陽の二五〇倍となると、その重力の結果、恒星からの光が私たちに届くことはない。したがって、宇宙に極めて巨大で明るい恒星があっても、こうした理由で観測されない可能性がある」[35]とラプラスは書いている。粘り強い同僚、フランツ・クサーヴァー・フォン・ツァハ男爵からの要請にこたえ、[36]ラプラスは、最初に行なった簡単な説明をきちんと裏づけするような厳密な数学的証明を三年後に行なった。ラプラスの見積もりでは、暗黒星の直径がミッチェルのとは異なっているが、これはラプラスが密度を大きく仮定したためである。

決して見ることができない恒星があると予想するのは理にかなうことだろうか? 光は粒子ではなく波として見えるのだと仮定した場合、ラプラスは別の考えを持つようになったかもしれない。あるいは、単に関心を失ったためか、一八二七年にラプラスが亡くなるまで、『宇宙体系の解説』の後続版には「見ることができない恒星」[37]についての推測が掲載、言及されることは二度となかった。それに対して、ミッチェルの方は、一七八四年の論文で工夫が見られた。その論文で彼は、そのような見えない恒星を「見る」方法を提案した。もし、明るい恒星のまわりを別の恒星が公転すれば、その星の重力が明るい恒星の動きに影響を与える。[38]すなわち、明るい恒星は暗い恒星による重力で、空の中を前後に揺さぶられるようになる。これはまさに、今日の天文学者がブラックホールを探し出す方法の一つになっている。

結局、ミッチェルとラプラスは時代を越えるほどの先進性を持っていたと言える。物理学がまだ十分進んでいないうちに、問題に取り組んでいたのだ。超巨星が彼らが考えていたよりはるかに低密度であったことを、彼らはまだ知らなかった。恒星が小さくとも極めて高密度であれば、見えなくなる効果が生じうることも彼らは考えなかった。通常の恒星が何らかの方法で圧縮され、小さな体積に押し込まれれば、その星の表面から脱出できる速度はかなり大きくなる。ところが、当時の天文学者は、すべての恒星は太陽あるいは地球と同じ密度を持っていると考えていたのだ。一八世紀後半の彼らにとって、地球上に見つかる元素よりも密度の高い物質というものは考えられなかったようだ。

ミッチェルやラプラスは、重力に関する不十分な法則や、光に関する誤った理論を用いて研究を行なっていた。そのような暗黒星の存在を証明するには、もっと進んだ光学理論、重力理論、物質の理論が必要だった。ブラックホールの新しい概念、巨大な暗黒の恒星物質ではなく、時空に開けられた穴という概念が現われるには、なお一世紀近くを要した。二〇世紀で最も創造的な自然哲学者、アルベルト・アインシュタインの登場を待たなければならない。

第2章

ニュートンよ、許したまえ

アインシュタイン

物理学者は一九世紀までに二つの大きな業績をあげた。ニュートンの古典力学（二世紀以上前に確立）と、一八六〇年代のスコットランドの理論物理学者ジェームズ・クラーク・マックスウェルによる電磁方程式である。物理学においては、それぞれが当時の記念碑的理論であった。光とはどういうものかについて、長らく知られていた電気と磁気の現象と結びつけたのがマックスウェルだった。彼は、光の速度と同等の速度の電磁波というものの存在を予言した。「光というものは……波動の形の電磁的擾乱であるという強力な根拠があるようだ[1]」と彼は報告していた。その方程式から、マックスウェルは「光速度」という新たな基本定数を明らかにした。

ニュートンとマックスウェルによって提示された科学原理から、いくつもの実験について正確な予測を行なうことができた。電磁気に関して残された問題はないと思われた。一八七四年のマックスウェルでさえ、今日、ケンブリッジ大学キャヴェンディッシュ物理学研究所と言われる研究所の開所式で「科学者に残されているのは、これらの測定をもう一桁正確に測ることくらいだろうか[2]」と述べていた。

しかし、一八九〇年代、好奇心旺盛なドイツのある学生にとっては、これらの法則には完璧ではないものがあった。彼の疑念は、空間に満ち光を伝える媒質であると〔当時〕信じられていたエーテルの真の性質のように、かなり込み入っていた。しかし、若きアルベルト・アインシュタインを動揺させていたのは、物理学のこれら二つの偉大な業績が、時間と空間を扱う同一の法則を共有していないように思えたことだった。学生という立場でも、当時の偉人たちに立ち向かうだけの根拠がそこにあった。ニュートン力学とマックスウェルの電磁気学を結びつける有力な理論というのが「正しくない[3]」とアインシュタインは確信していたのだ。「それを簡単に提示できる」ということも。アインシュタインは、二つの理論の間の矛盾を完全になくしたいと考えた。

突然こうしたことを思い立ったわけではない。この挑戦のルーツは彼の思春期にあった。もし、人が光のスピードで走ることができたら、その人には光が見えるだろうか？　氷河の起伏のように、その場に凍りついたようになった電磁波を観測するのだろうか？「そうではないだろう」[4]。アインシュタインは一六歳のときに考えたことを思い出した。ニュートンによれば、リレー競争をしている二人の走者のように、あなたは光に追いつくことができる。しかし、マックスウェルの考えかたではそれほど明らかではなかった。「エーテル」を伝わる光のスピードを測る実験では、光に追いつけないということになりそうだった。

何年かが過ぎ、時々、その問題について考えていたアインシュタインは、ついに解答にたどり着いた。だが、さらに重要なのは、最も基礎的な仮定を置いたことだった。理論上の跳躍は必要なかった。アインシュタインの歴史的な一九〇五年の論文（のちに「特殊相対性理論」と呼ばれることになる）は、本当にシンプルな内容で、彼の仮説はすべて一九世紀や一八世紀で用いられていた物理学に基づいていた。事実、同様な関心にとりつかれたようになっていた物理学者がほかにもいた。彼らは解答に近づいていたが、いずれも重要な要素を見失っていた。アインシュタインの独創的な仮定である時空は、まったく新しい概念だった。たった一つの違いですべてのつじつまが合い、ニュートンとマックスウェルの矛盾が解消した。

特殊相対性理論〔以下「特殊相対論」〕での主張は次のようになる。静止した座標系と一定の速度を持つ座標系では、力学や電磁気学のプロセスも含め、物理学のすべての法則は同じとなる。ニュートンの物理学〔ここでは力学〕を知る者の間では、これはすでに知られていた内容である。時速一六〇キロメートルの一定の速度で走る列車内で、真上にボールを投げた場合と、動きのない地面の上で空中にボールを投げた場合では、ボールは正確に同じ振る舞いをする。アインシュタインが求めたことは、力学だけでなく電磁気学でも同じになるということだった。しかし、このことは光の振る舞いに関係していた。すなわち、光の速度が秒速二九万九七九二キロメートルとなるのは、〔一定の速度で〕走っている列車内でも、地面の上でも同じになる必要があったのだ。なぜか？　もしも、物理学の法則が、一定の速度で走る列車と運動場とで同じになるのなら、光の速度もまた同じになる必要があるからだ。「もう一つの仮定を導入する」とアインシュタインは一九〇五年の論文で書いている。[5]「真空中では、光を放つ物体の運動の状況にかかわらず、光は常に同じ有限な速度ｃで伝わる」。

これはもっともな仮定に思えるかもしれない。ところが、かなり極端な場合で比べるとどうだろうか。アインシュタインの主張する効果は、相対的なスピードが極端に速くないと目立たないのだ。たとえば、光速よりやや遅い秒速二九万七七〇〇キロメートルの一定速度で地球から離れていく宇宙船を考えよう。常識では、宇宙飛行士は光速に近い速さで駆け抜けていくはずだ。アインシュタインがかつて考えたように、もう少し速ければ光に追いつけるかもしれない。ところが、そうはいかないのだ。宇宙船上の宇宙飛行士は、やはり、通り過ぎる光の速度を秒速二九万九七九二キロメートルであると測定するだろう。地球上での光の測定結果と同じである。

この状況は奇妙に思えるが、それは、時間と空間を通常の概念でとらえるからだ。日常の生活では、空間というのは、ニュートンやそれ以前の哲学者らが考えたように、何も入っていない箱のようなもので、永久に静止して変化しないものである。私たちを取り巻く固定空間において、あなたは静止しているか運動しているかのいずれかである。

同様に、普遍的な時計というのは、宇宙の住人すべてにおいて等しく時を刻んでいく。宇宙のさまざまな場所で起こる一つの出来事は、観測者の場所やスピードによらず同じ時刻に起こったように観測される。

しかし、アインシュタインはそうではないと考えた。高速で移動する宇宙飛行士から生じる矛盾めいた状況、すなわち、宇宙飛行士が私たちと同様、光の同じスピードを測定するということは、時間というものが絶対的なものではないと考えることで解決がつく。時間は、そう、相対的なのである。速度という用語（時速何キロメートルだろうが秒速何メートルだろうが）は、時間の経過に関係しているが、宇宙飛行士も地球の人間も、同じ時間尺度を共有していないのだ。ここがアインシュタインの天才的なところである。ニュートンの普遍時計は偽物だとアインシュタインは認識したのだ。

真空中では光速を超えて速く動くことはできないため、異なる座標系にいる二人の観測者は時計合わせをすることができない。光速が有限であるため、二人の観測者が同時に自分たちの時計を合わせるということができないのだ。アインシュタインの発見によれば、距離と運動によって隔てられた観測者同士は、宇宙で起こる出来事を、それがそれぞれ異なる時刻に起こったと認識する。

こうした不一致は、ほかのさまざまな状況で起こることになる。さきほど考えたように、地球上の人間と宇宙飛行士の互いの測定に違いが発生する。質量、長さ、時間、すべてが観測者の座標系によって変わってくる。地球から見た場合、遠ざかっていく宇宙船の時計を見たときに、地球上の時計よりもゆっくり進んでいるのがわかるだろう。宇宙船が進行方向に縮んで見えることにも気がつくだろう。宇宙船に乗っている者たちは、自分たちの時計の進み方が変化していることに気づかないし、遠ざかっていく地球を眺めたとき、後退方向に地球が縮んでいることや、地球の住人の周囲にある時計がゆっくり進んでいることに気づくだろう。互いに、相手側の同等の違いを測定している。二人の観測者が、互いに一定の速度で接近、あるいは遠ざかっているとき、空間が縮み、時間が遅く進むようになる。空間と時間はそれぞれの座標系で異なるが、光速はどちらの座標系でも同じである。宇宙飛行士が地球に対して動き始めてまもなく、ある意味、われわれと異なる世界を経験するようになる。もはや同じ世界観を持てなくなるのだ。地球の住人と宇宙飛行士がどちらも一致できるのは真空中の光の速度だけであり、これは宇宙で普遍的な定数である。

絶対時間が崩壊し、絶対空間も必要でなくなった。太陽系は静止しており、動きのないコンテナーのような空間の中で宇宙船が遠ざかっていくという直感イメージは、もはやうまく機能せず、そのようなものは存在しない。実際には、宇宙飛行士が静止して、地球が遠ざかっていくとも考えることができるのだ。アインシュタインが書いているようにエーテルは「不必要なもの」となった。[6] こうした新たな観点から見ると、特殊な性質を仮定することで物理学者にはもはや「絶対的に静止した空間」[7]は必要ではなくなる、と彼は言っている。かつてエーテルは、物理学者に特定の座標系を提供した。エーテルに対し絶対的に静止した座標系だ。しかし、アインシュタインは、エーテルという物質はずっと架空のものであったことを明らかにしたのだ。「私やほかの誰にとってもそうだろうが、この論文ですばらしいのは、シンプルでしかも完璧な点であり、そして」と物理学者のマックス・ボルンは特殊相対論五〇周年記念祝典で述べ、[8]「アイザック・ニュートンが打ち立てた哲学や伝統的な空間と時間の概念に挑戦しようという大胆さだ」と続けている。

かつて、アインシュタインを教えたこともある数学者のヘルマン・ミンコフスキーは、アインシュタインの新たな理論の中に、いっそうの深みのある美をみごと見抜いた。数学で熟練した腕を持つミンコフスキーは、特殊相対論の幾何学的モデルが作れるとわかった。彼は、アインシュタインが本質的に時間を四番目の次元としていることを示した。空間と時間は融合して、時空という一つのものになるのだ。時空というものを、一連のスナップ写真の集まりと考えることができる。時間の経過に沿って、空間での変化を追跡することができる。〔無数の〕スナップ写真は融合、一体化し、分かつことができない一つのものになる。次元としては、時間は、空間のもう一つの要素のように振る舞う。それは、光速が一定であるゆえの結果で、定義としてスピードというのは距離を時間で割ったものである。もしも、光が通過する距離が縮んだとすれば、時間の進み方も遅くなる。そうでなければ、光速は一定に保てない。距離と時間の二つは、互いに深く関連づけられているのである。ミンコフスキーは有名な一九〇八年の講演で「これからは空間そのものと時間そのものは、いずれも単なる影となり果て、二つのある種融合したものだけが、独立した実在として残るだろう[9]」と語った。

ある出来事がいつどこで起こったかについて、異なる状況にある異なる観測者にとって一致が見られない一方、空間と時間の結合では一致が見られるとミンコフスキーは巧みに理解していた。ある座標系の位置から見て、観測者は二つの出来事の間の長さと時間間隔を測定する。別の座標系から別の観測者が同じ二つの出来事を観測した場合、その間の長さが長く、時間間隔が短くなっているかもしれない。その両観測者において、二つの出来事の間の時空としての長さは同じになるのである。基本的な量は、空間だけでも、時間だけでもなく、四つの次元、高さ、幅、奥行き、そして時間が結合したものとなる。アインシュタインは数学の専門家ではなかったので、こうした幾何学的な表現がよくわからなかった。ミンコフスキーのアイデアを初めて知ったとき、アインシュタインは、その難解な数学上の定式化を「陳腐な[10]」とか「過剰な学識[11]」などと言い放った。アインシュタインにとって、ミンコフスキーの新奇な見解は、自分が慎重に構築した物理学に何一つ付け加えるようなものには見えなかった。しかし、まもなく彼は、その見方を改めることになる。

特殊相対論が「特殊」と呼ばれる理由は、それがとくに限定された運動について述べられたものだからだ。「一定の速度で直線運動をする物体」という非常に限定された運動だけを扱っている。したがって、この新たな法則が考案されてすぐに、アインシュタインはこの法則を、加速、減速、向きが変わる、転向するといったすべてのタイプの運動に拡張しようと決心した。しかし、こうしたさまざまな運動状況、とくに加速度を引き起こす重力を網羅する一般相対論に比べれば、特殊相対論は「子供の遊び[12]」にすぎなかった。

＊

アインシュタインの名声が高まりを見せた時期、彼の元教師たちには驚く者もいた。授業中、よく退屈そうにしていたため教師たちの反感を買うこともあった。彼らには、アインシュタインが卒業後、大学で職を得るなど考えもしないことだった。結果的に、アインシュタインはまず、スイス特許局の補佐審査官という仕事から始めることになった。彼はその仕事にかなり満足していた。そこでの七年間を人生で最も幸せな時期の一つであったと述べている[13]。そこに雇われていたときに書いた最初の重要な論文には、特殊相対論や光電効果（これは一九二一年のノーベル賞の対象となった）のものが含まれている。しかし、これらの発表により、物理学者としての立場が確立してくると、アインシュタインは一九〇九年、特許局を去り、チューリッヒとプラハの大学で職を得ることとなった。一九一四年には学術的な評判は大いに高まり、彼は名声高いベルリン大学に研究教授として移り、プロシア科学アカデミーの会員になった。そこに至るまでのアインシュタインは、教育の責任、うまくいかなかった結婚生活、さらには第一次世界大戦を経験し、そのさなかに、精神を消耗させるような一般相対論の研究に取り組んでいたのだった。一〇年近くの間、相対性という観点から、ニュートンの重力の法則の見直しを行なっていたのだ。

アインシュタインはすぐに方程式に向かっていったわけではなく、試行錯誤を重ねている。それは彼の流儀というわけではなかった。初めは考える、懸命に考えることだった。まずは、私たちが経験することと一致する、理論的枠組みがほしかった。アインシュタインは、さまざまな思考実験を行なった。「いろいろな色のブロックでおもちゃの家を組み立てる子供のように、アインシュタインは一式の原理、つまり概念的なブロックとか、理論的な要素にあたるものから始めた。それらをさまざまに配置、移動、削除した。理論的なビルを建築するレンガである」[14]と科学史家のジャン・アイゼンスタットは述べている。

アインシュタインの最初の認識というのは、一定の加速度下で感じる力と、重力のもとで私たちが感じる

1910年代初期、一般相対論の研究をしていた頃のアルベルト・アインシュタイン（Hebrew University of Jerusalem, courtesy of American Institute of Physics Emilio Segrè Visual Archives）

力が同じ一つのものである、ということであった。物理の専門用語で言えば、重力と等加速度が等価である、というものだ。重力で地球に引かれることと、加速する車に乗っていて後方に引っぱられることに違いはない、という主張である。この結論に達する上で、アインシュタインは宇宙空間に浮かぶ窓のない部屋を考えた。その部屋は魔法がかかったように上方へ加速していく。一秒毎に速くなっていく。その部屋にいる者は、足が床に押し付けられるのを感じるだろう。事実、窓がなければ、宇宙空間にいることが確認できず、体の重さを感じることから、地球上にある部屋のように静かに立っていることができるはずである。加速する魔法の「宇宙のエレベーター」も、あなたを固定しておける重力場を持つ地球も、同等なものになっている。加速されている部屋の中の物体と、地球の重力場にある物体が、同じ物理の法則で振る舞いが正確に予測できる。この事実は、別の言い方をすれば、重力と加速度が同じものであるということになる。

こうした思考実験を通して、アインシュタインは思い切った一連の方程式にたどり着くことになる。そこからさらに興味深い洞察が現われてきた。宇宙空間にある加速するエレベーターから外にボールを投げたとしよう。室外にいるあなたから見ると、ボールは、エレベーターが上方〔加速していく方向〕に移動していくにつれて、下の方へ曲線を描いて動いていく。光線も同様だろう。しかし、加速度と重力は同等の効果を持つので、太陽のような重たい物体のそばを光が通る場合は、重力の影響で光が曲がるとアインシュタインは考えたのである。光線付近の物体によって、光線の経路は曲線になる。

強力な物理的直観から、アインシュタインは一九一一年頃、さらに熱心に重力の問題に取り組み始めた。その頃、重力のもとでは時計の進み方がゆっくりになることをアインシュタインは確信しつつあった。すでに特殊相対論によって、移動している時計は、移動が速まるほどゆっくり進むことが示されていた。静止した時計は、重力場におかれた場合には、よりゆっくりと時を刻んでいき、これは、それまで物理学者によって考えられたこともない効果であると、当時のアインシュタインは述べていた。さらに、宇宙空間にある時計は、地球の重力に引かれている時計に比べわずかに速く時を刻むとも言っている。

彼はまた、最終的な重力方程式が非ユークリッド的であるらしいということにも気づき始めていた。紀元前三世紀の有名なギリシャの数学者（エウクレイデス）によって作られたユークリッド幾何学、基本的な公理を用いる、あの小学校で習うような幾何学とは異なる幾何学が非ユークリッド幾何学である。ユークリッド幾何学の世界では空間はあらゆる方向で完全に平らであり、眺めはどこも変わらない。しかし、重力には空間の曲率というものが関係していることが、アインシュタインには見えてきたのだ。正確に言えば、ミンコフスキーが考案した「時空の曲率」というものだ。アインシュタインは数年前、軽率にもそのアイデアを退けてしまっていた。「陳腐な」四次元多様体の考案という特殊相対論に関するミンコフスキーの数学的貢献を、アインシュタインは最終的には正当に受けとめるようになった。ミンコフスキーによる早期の貢献がなければ「一般相対論は完成していなかったかもしれない[15]」とアインシュタインは反省し認めている。残念なことに、ミンコフスキーはアインシュタインの謝罪の言葉を聞くことなく、虫垂炎のため一九〇九年、四四歳という若さで亡くなった。

一九一二年の夏、アインシュタインは、これまで進展させてきた推論を独自の数学的形式にまとめあげようと必死になっていた。非ユークリッド幾何学に疎かったアインシュタインは、大学時代の旧友で数学者のマルセル・グロスマンに助けを求めた。チューリッヒの彼の自宅をたずね、「君が助けてくれなければ、私は気が狂ってしまう[16]」と頼み込んだ。アインシュタインのアイデアは、一八五〇年代にドイツの数学者ベルンハルト・リーマンが発案し、その後、ドイツやイタリアの幾何学者らによって発展させられた幾何学を使えばうまく表現できるとグロスマンは指摘した。一九一四年にはアインシュタインはベルリンに移り、解の修正を続けたが、今度はグロスマンが紹介してくれた数学的な洞察力が助けになった。

それでも進展ははかばかしくなく、翌年にはアインシュタインの心に無念さが募るようになった。当時の彼の理論では、水星軌道の向きの移動が正確に説明できなかった。一般相対論をじっくり考え始めた頃から、重力の新たな法則をうまく公式化することに成功すれば、水星軌道の向きの変化についても説明できるだろうとアインシュタインは考えていた。

なぜか？　水星は、太陽から約五八〇〇万キロメートル離れたところにある惑星で、他の惑星同様、ゆっくりと太陽のまわりを回っている。しかし、これら惑星の軌道は（ケプラーが発見したように）完全な円ではなく楕円である。水星の軌道も、〔少しつぶれて〕長くなったリングのような形である。この長くなったリングには、太陽に最も近くなる点（近日点という）があり、軌道上の近日点の位置は次第に移動していく。水星の場合、近日点の移動は、一〇〇年間で角度の五七四秒（円周の〇・〇四パーセント）ほどである。このわずかな移動のほとんどは、水星が受ける他の惑星からの重力が原因になっている。しかし、それは移動量のうち五三一秒角を引き起こしているのであり、残りの四三秒角（今日の測定値）は説明がつかなかった。これは何十年にもわたり天文学者を悩ませてきた問題だった。ニュートン力学では、この問題が解けない――少なくとも、太陽系の既存天体だけでは。一部の天文学者は、金星が実はもっと重い天体なのかもしれないと考えたり、水星に小さな衛星があるのではないかとも考えた。最もよく知られた仮説は、ローマ神話の火の神の名をとり「ヴァルカン」

と呼ばれた未発見の惑星の存在である。水星よりも太陽に近い軌道を回るヴァルカンの重力が、水星の近日点移動に影響しているというものであった。ヴァルカンを観測したという報告も数件あったが、いずれも信頼できるものではなかった。

アインシュタインは、一般相対論によって、水星の近日点移動の未知の部分を完全に説明できるようにしたいと思った。一九一五年初め、彼の重力方程式ができあがり、水星の近日点移動を求めたところ、移動角は一八秒（一度の一〇〇〇分の五）だった。観測されている未知の移動角はその二倍ほどもあった。がっかりした彼は、これまで何年もの間行なってきた研究を見直していった。そのとき彼が気づいたのは、グロスマンとともに以前行なった式の導出のミスだった。結局は片づけたはずの部分だったが、再挑戦してみることにした。式を変形していくと、以前誤解していた部分に気づいた。苦労と無念の年月は終わりに近づいていた。

一九一五年一一月には、努力の大部分が費やされることとなった。木曜日になると、進展について、プロシア科学アカデミー〔ベルリン・アカデミー〕に報告していた。突破口は二度目の報告の直後にやってきた。その週、ついにアインシュタインは水星の近日点移動をうまく説明することに成功した。その後、友人への手紙でその結果に胸の高鳴りを覚え「何日も有頂天で我を忘れていました」[17]と書いている。その理論は最初の検証に成功を収め、現実世界への基盤固めをした。さらに、アインシュタインの新たな重力方程式は、太陽周囲の恒星の光がニュートン力学の予測の二倍曲がることを予言した。ニュートン力学の場合は、空間だけを考慮しただけだったが、アインシュタインは、重力が空間と時間両方に影響を与えると考えたのだ。したがって、その効果も倍増する。

勝利は一一月二五日にやってきた。彼は「重力場の方程式」と題した論文の決定稿を提出した。そこには、最終的な修正一件を加えていた。もはや、特別な基準座標系は必要ではなかった。真に「一般的」な重力の理論に到達したのだった。計算づくめのその月は疲労困憊だった。その直後、長年の友であるミケーレ・ベッソに宛てた手紙の中でアインシュタインは、「最も挑戦的な夢がやっとかなった」と記し、「満ち足りた、しかし疲れ果てたアルベルトより[18]」として筆を置いている。

私たちは通常、重力を、押したり引っぱったりする力としてイメージしている。ところが、アインシュタインは、重力を考える別の方法を導入した。力ではなく、時空の曲率にじかに対応するものとして重力をとらえるのである。この見方で言うと、力で制御されているかに見える物体は、実は、自然の曲がった道をたどっているにすぎない。曲がっていく光は、時空という高速道路のねじれ、曲がりをたどっているのである。そして、水星は太陽に近いため、いっそう時空が曲がっている。それによって、水星の近日点の余剰移動分の説明がついたのである。

それはどうやって？　アインシュタインの見方では、空間というのは単なる虚ろな空間が広がっているのではなく、境界がないゴム製の平面のようなもので、それ自体が物理的存在となる。伸ばしたり、縮めたり、まっすぐにしたり曲げたり、ところどころにくぼみを作ることもできる。太陽のような質量の大きい天体を、まるで宇宙のボウリングの球のように、この伸縮自由なマットに置くと、陥没を生じ、重たい物体ほどへこみも深くなっていく。こうした結果として、惑星はニュートンが考えたような目に見えない力でとらえられているのではなく、太陽によって作られた自然のくぼみにとらえられているだけなのである。

小さな天体についても同様である。たとえば、地球は周囲を回る衛星を、幽霊のような引き綱で引っ張っているのではなく、衛星は直線に沿って動いているのである。直線というのは、私たちの三次元の感覚では描くことが不可能な四次元時空の局地的座標系で見た場合の直線である。わかりやすいよう、二次元で考えてみよう。

古代の探検家二人について考えよう。二人とも、地球を平坦であると考えている。赤道上に離れた二地点から、それぞれが東にも西にもずれることなく、真北へまっすぐに歩いていく。ところが、次第に互いが接近してくる。このことから、彼らは、ある神秘的な力によって両者が押されていたのだと結論したかもしれない。しかし、高所から見ている宇宙旅行者には、何が起こっているのかがよくわかる。当然、地球の表面は曲がっており、二人の探検家は単に球面の輪郭をたどっているにすぎない。球面では、もともと平行な二本の直線は（平面の場合とは異なり）交わる。同様に、地球によって曲げられた四次元時空内の直線ルートに沿って衛星は動いていく。天体が存在し続ける限り、それが時空に作るくぼみは宇宙の風景の一部となる。私たちが重力、二つの物体が互いに引きあう傾向として考えているものは、これらのくぼみの結果として見ることができる。別の言葉で言えば、時空と質量‐エネルギーは、「シャムの双子」の宇宙版のようなものである。それぞれが他方に作用し反応する。物理学者のジョン・ホイーラーが好んで言うように「時空は物質に移動のしかたを教え、物質は時空に曲がり方を教える[19]」のである。

結果として、ニュートンの「虚ろな箱」はあっという間に消え去った。空間は、時間の夜明けを迎えて以来、想像通り、もはや不活性でも虚ろな場でもなかった。アインシュタインは、物理学に新たに導入された時空という物理量が、宇宙全体のリアルタイム・プレーヤーであることを示した。アインシュタインは自叙伝ノートにそのときの気持ちを「ニュートンよ、許したまえ[20]」と綴っている。

許しをこう必要はなかった。アインシュタインは、ニュートンの重力の法則を完全にひっくり返し

一般相対論では、時空というのは巨大なゴムシートのようなものとされる。こうした2次元の表現では、地球のような質量により伸縮マットにできたくぼみが曲がった時空を表し、重力と呼ぶ力を生じさせる（Johnstone, courtesy of Wikimedia Commons）

たわけではなかったのだ。ニュートン力学によって、私たちは月に行き、無事に戻ってきた。思い出してほしい。日常生活での重力は弱いからだ。小さな磁石でも、地球の重力に抗して、クリップを簡単に持ち上げることができる。そうした環境では、ニュートンの重力方程式で重力を容易に扱うことができるのだ。

アインシュタインが行なったことは、重力の法則を拡張し、これまでは扱うことができなかったような非常に強い重力、猛烈に強い重力で、物質が光に近いスピードで落下していくような状況のもとでも使えるようにしたことである。そうした状況では、ニュートンの重力の法則は完全にお手上げである。恒星や銀河、宇宙全体など、重力の大規模な集中が見られる場合に一般相対論が必要となる。そこでは重力が支配者なのである。

さらにアインシュタインは、ニュートンでは答えられなかったような問いに対しても解答を提供してくれた。重力の効果についてのメカニズムである。すなわち、あらゆる物体は、他の物体によって時空に作られた歪みに従っているだけなのである。

＊

説明できなかった水星軌道におけるわずかなずれを、アインシュタインが解き明かしたという成功は、間違いなく彼の新しい一般相対論の勝利であったが、それが常識的事実というわけではなかった。太陽のような重い物体のそばを光線が通過したとき、一般相対論が予測する角度だけ曲がるかどうかということも検証が必要だった。一九一一年、アインシュタインは、一般相対論に取り組んでいるときですら、[21]時空の曲率について天文学者が実施できる確認方法を提案していた。日食の際、太陽の縁近くの恒星の位置と夜間の同じ恒星の位置を写真に撮って比較するのだ。太陽の傍らを通過する恒星からの光が太陽の重力によってわずかに曲がる。写真上のその恒星の位置は、太陽の影響を受けない標準的な位置からずれているはずである。

この検証のため、三つの日食観測隊が組まれたが、いずれも天候不良やヨーロッパでの戦争〔第一次世界大戦〕の影響で不成功に終わった。[1]四件目の日食観測[2]では、データの比較という点で問題があった。カリフォルニア、リック天文台の天文学者らによるアメリカ隊の努力はついに公表されることはなかったが、アインシュタインにとってはこれは怪我の功名であった。信頼できるものではなかった

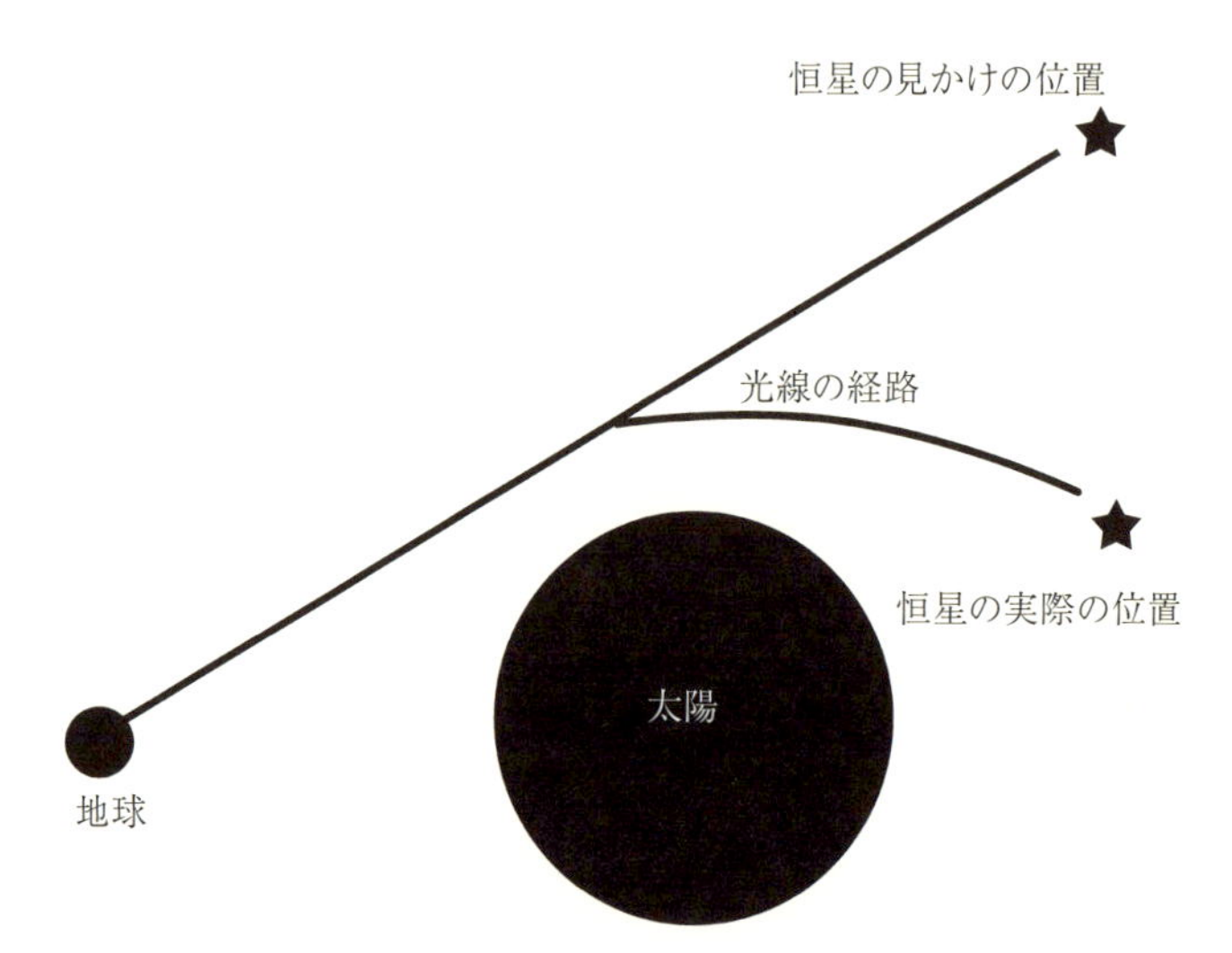

太陽が恒星のそばに見える場合とそうでない場合の、同じ星の状況を示している。恒星からの光が曲線を描いて、太陽のそばを通過する。しかし、私たちの目には、光がやってきた直線の延長方向にあるように見える。天空上の恒星の位置がずれたように見えるわけである（The Cosmic Times Teams, NASA Goddard Space Flight Center）

リック天文台の結果は、一般相対論とは合致しないものだったのだ。[3] アインシュタインが最終的な一般相対論を発表する前でも、[4] 日食観測隊による恒星のずれを測定しようという試みがあったわけだが、当時のアインシュタインの理論はまだ完全ではなく、正しい値より小さな値を予測していた。

こうして、注目が集まったのは、南米と中央アフリカを皆既帯が横断する一九一九年の日食に観測隊を出そうとしていたイギリスの天文学者たちであった。恒星物理の研究で有名な天体物理学者、アーサー・エディントンが率い、政府が出資した観測隊は、西アフリカの沖に浮かぶ小さなプリンシペ島に向かった。悪天候というリスクを最小限にするため、二名の天文学者隊が南米ブラジル北部、アマゾン森林地帯にあるソブラルという村に派遣された。望遠鏡とカメラを手にした各観測隊は、極めて微細な現象の測定を成功させるべく日食を待つことになった。アインシュタインの計算では、太陽面をかすめる光線はたった一・七秒角（月の幅の千分の一）しか曲がらない。別の言い方なら、この角度は、アメリカンフットボールの競技場の端から、他方の端にある鉛筆の芯の太さを見るくらいになる。

日食当日の五月二九日、エディントンと助手は一六枚の写真を撮影した。ほとんどが雲の通過で使い物にならなかった。「太陽を一瞥する時間もなかった」[22]とエディントンはその遠征について書いている。「異様に薄暗い景色になり、世界は静まり返った。聴こえるのは観測者の呼ぶ声と、皆既継続時間の三〇二秒を刻むメトロノームの音だけだった」。

幸いにも、撮影したうち、二枚の写真には恒星の星像がきちんと写っていた。その後数日間、エディントンは、昼間の時間をそれらの写真乾板を測定することに費やした。彼は仲間とともに、同じ星域を撮影した写真乾板を注意深く比較していった。比較に使われたのは、太陽が地平線下にある数ヵ月前の夜にイギリスで撮影されたものだった。エディントンは、早くからの相対論支持者であった。科学的な理由からではなくアインシュタインの味方であることを公然と認めていた[5][23]。太陽近傍にあった恒星の位置のずれが、アインシュタインの予測した量の数パーセントの誤差で一致したことにエディントンは大いに元気づけられた。間違いなく、ニュートン力学では一致しないずれだった。皆既日食の太陽の周囲では時空のゆがみによって、恒星からの光が実際に曲げられたことが証明された。ブラジルのソブラルに遠征した観測隊は好天に恵まれ、多くの写真を得ることができた。それらはすべてイギリスに持ち帰られ、徹底的に調べられエディントンの発見が確認されたのである。

この結果は、一一月に開催されたロンドン王立協会と王立天文学会の合同会議で公式発表された。

演台の背後の壁にはアイザック・ニュートンの肖像画が掲げられていた。ニュートンによる歴史的な重力の法則は、初めて大きな修正を施されていた。この会議のニュースは瞬く間に全世界へ広まった。「天空では光すらも曲がる」[24]という見出しが『ニューヨークタイムズ』の紙面に踊った。「日食観測の結果に科学者興奮気味……」。星は思った場所にはなく、計算された場所に。でも心配はいらない」。

すでにアインシュタインは四〇歳を迎えていたが、公共の場での生活は以前とは違ったものとなった。もじゃもじゃの口髭や、ぼさぼさの髪、それに厭世的なまなざしでどこに行ってもすぐにアインシュタインだとわかった。大統領から映画スターまで、有名人たちは「天才」と同義となった男を酒や食事で大いにもてなした。

一九二〇年のマックス・ボルン宛の手紙の中で、アインシュタインは、自分をミダス王になぞらえた。「触れるものはすべて金に変わるというおとぎ話の男のように、私にはすべてが全段見出しのニュースになる。suum cuique（ラテン語で、各人に各人のものを）[25]」。物理学をじっくり考えられる静かな場所にあこがれる学者には、めまいがするほどみじめな状況だった。「実際のところ、逃走を考えたほどです」と彼は続ける。「ちょうどいま、ヨットと、ベルリン近くの水辺に小さな小屋を買おうと思っています」。

第3章

気が付けば、幾何学の国に

シュヴァルツシルト

一九一九年の日食観測隊の成果のおかげで、アインシュタインに世間の注目が集まることになった。世界的名声はもちろん、一般相対論が学問の世界において早々と勝利を得たのであった。その成果は、一般相対論の方程式（一〇元連立方程式で、扱いが極めて複雑）を解く方法に関係していた。アインシュタインは最初、太陽周囲の重力場の近似式を使って予報計算をした。このとき、計算を容易にするため方程式を単純化する近似を行ない、それでようやく、水星軌道の近日点移動や太陽のそばを通過する恒星の光の屈折角を見積もることができた。アインシュタインには、正確な解、近似を一切使わないで問題の物理や数学すべてを把握した解というものには到達できないように思えた。しかし、驚いたことにそんなことはなかったのである。

ベルリン・アカデミーでアインシュタインが最終的な発表を行なった直後、実際一ヵ月も経っていないころだが、[1]ドイツの天文学者、カール・シュヴァルツシルトが、一般相対論の厳密解に初めて到達した。その発見をアインシュタインにただちに送った。シュヴァルツシルトは、「アインシュタイン氏の結果がいっそう鮮やかに輝いている」[2]と報告の中に記している。それほど素晴らしい成果であった。それに対し、アインシュタインは驚き嬉しく思った。このとき、ブラックホールの新しい概念への長い道のりが始まったのである。

実践的な天文学者であり、同時に理論家でもあるシュヴァルツシルトは、多くの分野で活躍していた。なかでも電磁気学、光学、量子論、そして恒星天文学への貢献が大きかった。彼は、天体望遠鏡での観測において、肉眼観測から写真観測へ移行させる先駆者であった。また、時には大胆な推測を行なう人物でもあった。アインシュタインの一五年前に、すでに空間が曲がるという考えを持っていたシュヴァルツシルトは、空間が平坦ではなく曲がっているというのは、球面のように内側に曲がっているのか、それとも双曲線のように外側に向かって無限に広がっているのかを熟考した。「世界は、球面幾何のようなものなのか、非球面幾何のようなものなのか」[3]。彼は、一九〇〇年のドイツ人天文学者の会議で述べている。「幾何学の国にいるということはわかるだろうが、この国の美しさを実感できるかどうか」。もちろん、シュヴァルツシルトはアインシュタインの方程式をすぐに理解した。そうしたものを何年にもわたり期待していたのだった（そして、アインシュタインによる一般相対論研究の進展を見守った[4]）。

カール・シュヴァルツシルト（American Institute of Physics Emilio Segrè Visual Archives, courtesy of Martin Schwarzschild）

ポツダム天体物理学研究所の所長として、ドイツの天文学者で最も尊敬されている地位を得たシュヴァルツシルトは、アインシュタインの成果に見られる特異性についてわずかな疑問もないようにしようと考えた[5]。そのため、彼はその後何年もかけて、相対論研究に有益な道具となる方法を案出したのである。

それには、問題に関係する数学をシンプルにするということがポイントであった。たとえば、彼は球形質量（この場合、回転していない恒星）のまわりの重力場を表現するのに都合のよい球面座標を用いた。この方法で、複雑な問題がいかに単純化できるかを見てみよう。日常的な問題を考える。飛行機に乗り、空港から五キロの距離で旋回しているとしよう。飛行機の経路を平坦な座標系で表現すると、あまり美しくはない。x軸を東西方向に、y軸を南北方向に設定すると、飛行機の軌跡は$x^2+y^2=5^2$という代数方程式で表わされる。次に、別の座標系に移してみよう。極座標で表現すれば、x軸だのy軸だのは気にすることはなくなる。飛行機は常に円の中心から五キロであり、軌跡を示す方程式は、単に$r=5$（半径＝5）となる。すなわち、シュヴァルツシルトが行なったのはこのようなことだった。

しかし、彼は新たな座標系で時空の原点を調べた際、たいへんな窮地に追いこまれてしまった。原点には恒星が置かれていた。スコットランド王室天文官のラルフ・サンプトンは当時このように述べていた。「その結果にはたいへん驚いた。現実に関係したものなのか信じがたかった」[6]。このジレンマを理解するため、太陽のような恒星の全質量が、非常に小さな場所にぎゅうぎゅうに詰め込まれたらどうなるかを考えてみよう。その仮想的な詰め込み点の周囲、球形の空間領域からは、突如として何も発生することがなくなる。信号も出ない、微かな光も物質も出ることはない。そうしたことをシュヴァルツシルトは発見したのだった。その球面は「シュヴァルツシルト球」と呼ばれていたが、今日では「事象の地平線」と呼ばれている。その境界の内側で起こっていることは、外側からでは観測できないからである。この場合、時空のくぼみは底なし穴となる。光や物質はその中に入ることは可能だが、出てくることはできない。戻れないという点が重要である。光や物質は、体積ゼロ、密度無限大の特異点という点に詰め込まれる。そこでは、通常の物理法則が使えず完全に破綻する。

いや、表現が先走りしていた。いま説明したのは、現在私たちが考えているような特異点のことで

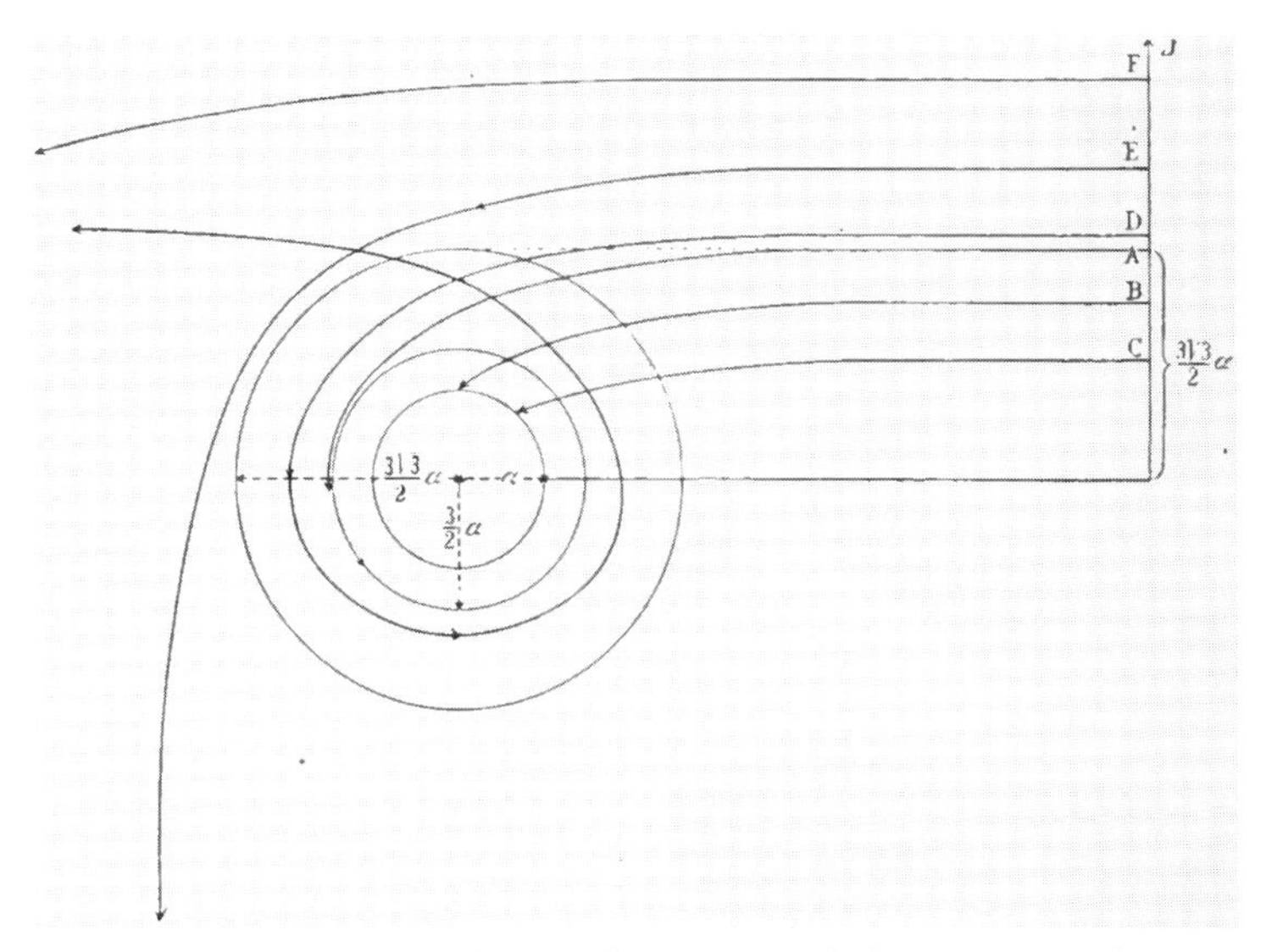

シュヴァルツシルト特異点（中央の球）に接近する光線を描いた1924年のイラスト。脱出できない光線は、時間が止まる事象の地平線（球面）で消え去るのみ（Max von Laue, *Die Relativitätstheorie*, volume 2, 1924）[1]

ある。当時のシュヴァルツシルトらは、状況をかなり違った見方で考えていた。光の粒子のような物体がシュヴァルツシルト球に接近していくと、どのようになるのか。「あたかも、動けなくなるようになる」と科学史家のアイゼンスタットは説明する。[7]「すべての軌道がその球面で終わるか消滅する、という真実を示すものとして解された。そこでは時間は止まってしまうのだった。光の軌道は、永遠にその魔法の境界に近づこうとし、まるでそこで消滅するかのようだった」。あるいは、単に魔法のボールの境界面で光が積み重なっているだけかもしれなかった。奇妙で異様な場所であった。「シュヴァルツシルト特異点」（そうとも呼ばれていた）は、彼らの考えからでは見通せないものだった。

アーサー・エディントンは、彼の

一九二六年の本『恒星の内部構造』で、そのような圧縮された状態にまで崩壊する恒星はおそらく存在しないと書いている。となると、そのことを考えても意味がないのでは？　エディントンは、気まぐれにこんなアイデアを呈した。「その質量が、時空に強い曲率を起こさせるなら、空間は恒星の周囲で閉じ、我々は外部に取り残される」[8]（そこに恒星はない）。

それは一つの見方で、エディントンの想像ではあるが、当時の相対論支持者のほとんどが、時空そのものが大きくゆがみ、特異点のまわりにひねられることなど真剣に考えもしなかったのだ。「空間が多少曲がることや、時間の進み具合が少しずれることはわかっていても、シュヴァルツシルトの解がニュートン力学の解とはまったく異なる空間を表わしていることが彼らにはわかっていなかった」[9]。アイゼンスタットはそう説明する。それには、一九六〇年代の新たな数学的洞察を待つ必要があった。相対論支持者には、特異点周囲の時空を描き出す方法が必要だった。それには膨大な計算が必要となるため、一九一〇年代や一九二〇年代の物理学者には対応不可能だった。時空に開いた穴という現代版「ブラックホール」は、まだ考えられていなかった。

そうであっても、この異常な場を表わす最良の方法がなにかあるのだろうか[10]？　シュヴァルツシルトは、「不連続」という用語を使っていた。フランスやベルギーでは「破局球」となった。そこでは、すべての物理法則が破綻するからだった。エディントンは「魔法円」だったし、他の研究者には単に「フロンティア」とか「バリヤー」などとも言われた。

では、その魔法のような球の大きさはどうなのだろう？　それはその内部の質量で決まった。約一四〇万キロメートルの直径を持つ太陽の場合、突然、一点に圧縮されたとすると、魔法球の大きさは直径六キロメートルに満たない。太陽から約一億五千万キロメートル離れたところにある地球にはまったく影響はないだろう。実際、太陽がそのサイズになっても、太陽系の全惑星は、それまでのざっと四〇億年と同じように太陽を回り続けるだろう。太陽がもっと小さく圧縮されても、地球に対する重力に変化はない。魔法球の重力が急増し始めるのは、それに接近した場合である。

質量がもっと大きかったらどうなるのか？　たとえば、太陽の質量が一〇倍になった状態で一点に圧縮されたら？　その場合、魔法球は直径約六〇キロメートルとなる。[11] 方程式によれば、魔法球（つまり事象の地平線）の直径は、事象の地平線に質量が取り込まれるほど拡大していく。

アインシュタインは、こうした特異点に関する問題にはあまりエネルギーを費やさなかった。彼は、シュヴァルツシルトによる奇抜な存在を、一般相対論が不完全なせいで生じているものだと考えていた。[12] そのようなきわどい結果は、重力と電磁気力の理論を統一した理論を組み立てることができれば解消するだろうと見ていたのだ。アインシュタインは晩年、この大統一理論の完成を目指したが、成功には到らなかった。

シュヴァルツシルトの球は、物理的な重要性はなく、使用された座標系から生じる人為的な産物だというのが、おおかたの見方だった。[13] 実際の意味ということを気にする者はいなかった。事象の地平線よりさらに圧縮されていく質量について気にする理由があるだろうか。それほど小さくなった恒星が観測されたことがあるだろうか？　そんなことは決して起こらないと彼らは言ったものだ。事態を収拾する手段はあった。そもそも、シュヴァルツシルト自身、圧縮された物質による圧力が崩壊をさまたげると考えた。アインシュタインも同意見だった。アインシュタインはさらに、一九二二年のパリでの会議で、恒星の圧力により、その巨大な恒星が破局的崩壊に至ることはないと計算で示した。[14] さらに当時は、原子どうしが接触するような状態以上の密度になることなど誰も考えなかった。[15] シュヴァルツシルトはそうした（過剰な密度の）状況が存在することを予測すらしなかった。彼には、アインシュタインの一般相対論の正確な解を得ること、恒星周囲の重力場を描くことしか眼中になかった。それは数学上のゲームのようなものだった。彼が報告しているように、中心での無限の圧力の問題は「明らかに物理的な意味はなかった[16]」のだ。

彼が計算したときの状況を考えると、シュヴァルツシルトの業績はさらにいっそう驚くべきものであった。第一次世界大戦の真っ最中であり、シュヴァルツシルトはドイツ軍の将校としてロシアの前線で戦っていた。彼の仕事は、長距離弾頭の軌道を計算することだった。その休暇中であったが、アインシュタインが水星の近日点移動の説明を行なった一九一五年一一月一八日のプロシア科学アカデミーで、シュヴァルツシルトは聴衆の一人としてそれを聴いていたのだ[17]。以前は、アインシュタインのアイデアを天文学で証明できることに慎重であったが、今度は確信していた。戦線に戻ったシュヴァルツシルトは、アインシュタインが書き終えた論文二件の写しを入手しすぐに目を通した[18]。アインシュタイン宛の手紙に「ご承知のように、戦争は私に好意的のようで、遠方のすさまじい銃声にもかかわらず、あなたの思考の世界にこうして入っていくことができます[19]」と書いている。暖かさや社交的なパーソナリティ（渇きをいやすおいしいビールを常備[20]）のある人物ゆえに、シュヴァルツシルトは戦時中ですら、こうした振る舞いができていたのだろう。

シュヴァルツシルトが戦地で解いた最初の解は、アインシュタイン自身を介して、一九一六年一月一三日のベルリン・アカデミーに伝えられた。アインシュタインは、シュヴァルツシルト宛ての返事の中で、「正確な解がそれほどシンプルな形になるとは期待していなかった[21]」と絶賛した。「数学的扱いが見事だ」とも言った。

残念なことに、シュヴァルツシルトには、アインシュタインの賛辞に浴している時間はあまりなかった。塹壕にいる間に、天疱瘡（てんぽうそう）という稀な病気にかかり、当時は死に至ることもあった。皮膚に症状がでる免疫系の病気だった。容体が悪化し、この著名な天文学者は一九一六年三月にポツダムに送られたが、五月一一日についに帰らぬ人となった。四二歳だった。アカデミーでの成功のわずか四ヵ月後のことだった。

シュヴァルツシルトは、自分の解が実際の宇宙に適用できると思わなかったかもしれないが、その可能性を考えた者もいた。アイルランドの物理学者でユニバーシティ・カレッジ・ゴールウェイ校のアレクサンダー・アンダーソンは、一九二〇年の『フィロソフィカル・マガジン』に、もし太陽がその魔法球よりも収縮したら、何が起きるのだろうと問題提起した。太陽は、その重力によるゆっくりとした収縮で熱せられエネルギーを出していると考えられていた時代である。したがって、太陽が収縮していけば「太陽が暗黒に包まれるときが訪れるだろう。それは、光が放射できなくなるときではなく、重力場により光が通過できなくなるからである[22]」とアンダーソンは続けた。

この重力崩壊というものについてじっくり考えてみよう。当時そのような考えを巡らせていた例外的人物に、イギリスの物理学者、オリヴァー・ロッジ卿がいた。彼は、十分に密度が高い恒星があれば、その重力によって光が脱出できなくなることを一九二一年に記している。太陽の質量が半径三キロメートルほどの球に圧縮されると、そうしたことが起きることになると彼は書いている。「しかし、それほどまで質量を集中させるということは、合理的に考える範囲を超えてしまう[23]」と彼は結論した。

しかし、単独の恒星では無理でも、天体が大規模に集まれば、光が呑み込まれてしまう現象が現われるかもしれないとロッジは大胆に想像した。「恒星のシステム、つまり超渦状星雲〔今日の表現では

「渦状銀河」)なら、全質量が太陽の10^{16}倍、半径は三〇〇パーセク(約一〇〇〇光年)にも及ぶ可能性があり、そこからは多くの光が脱出できない状況になるだろう。これなら、まったく不可能ではないように思える[24]」と書いていたロッジは大雑把ながら、多くの銀河の中心に見られるような超巨大ブラックホールを予測していたことになる。

しかしながら、こうした推測はいずれも進展することなく、その後の二〇年間は顧みられることもなかった。ブラックホールの概念、もっと正確に言えば、その早期版はまだ揺籃期にあったのだ。事態を前進させたのは、これまで誰も予想していなかったような天体が発見されたことだった。

第４章

恒星がこれほど非常識な振る舞いをするはずがない。何か自然の法則があるはず！

チャンドラセカール、エディントン

シュヴァルツシルトの特異点というものは、当初、本質的に理論上の特異なものであり、論文の世界から現実世界の問題になるなど誰も考えはしなかった。ところが、二〇世紀初頭の新たな驚くべき天文学上の発見が、理論家の態度を一変させることになった。「おおいぬ座」には「ドッグスター」としても昔から知られる、恒星では最も明るいシリウスがある。その周囲をゆっくりと回る微かな恒星が問題の天体だった。

シリウスとその伴星の物語は、一九世紀、プロシア（プロイセン）のケーニヒスベルク天文台から始まった。そこでは、フリードリヒ・ヴィルヘルム・ベッセルが位置天文学上の新しい測定を確立しようとしていた。天文台長である彼は、一八三八年すでに名声を獲得していた。初めて恒星までの距離を直接測定したのだった。これは、当時としては極めて大きな挑戦であった。その後、彼の関心は恒星の運動に向かうことになる。

何年かかけてベッセルは、シリウスとプロキオン〔こいぬ座の一等星〕の天球上の位置変化の観測を行なう一方、従来の恒星カタログを調査した。一八四四年には十分なデータがそろい、シリウスとプロキオンが期待されるようなスムーズな動きをしていないことが発表された[1]。シリウスとプロキオンはそれぞれが、明らかにわずかながら上下にふらついている動きをしていた。それぞれの恒星のふらつきは、それらのまわりを周回している暗くて観測されていない天体が引っぱっているせいではないか、ちょうど、小さな男の子が母親のスカートを引っぱるように――。聡明なベッセルはそのように考えたのである。その天体はシリウスのまわりを一周するのに五〇年かかっていると彼は見積もった[2]。

当然ながら、この発見にベッセルは興奮した。イギリスの王立天文学会宛ての手紙には、「この問題は……実地天文学全体にとって非常に重要に思える。ぜひ関心を持っていただきたく思う[3]」と記した。

　天文学者らは注目し、その見えない天体を何とか望遠鏡でとらえられないかと試す者もいた。ベッセルが報告した当時、後にシリウスBとして知られるようになる天体は残念ながら、（地球の観測者から見て）シリウスに最も近い位置に来ていたため、[4]シリウスの輝きに埋没してしまっていた。その何年か後ですら発見に成功したものはいなかった。

　事態が変わったのは一八六二年一月三一日のことだった。その夜、マサチューセッツ州ケンブリッジポートでは、アメリカの望遠鏡製造者で一番の職人と言われたアルヴァン・クラークと若き息子アルヴァン・グラハム・クラークが、ミシシッピー大学のために製作した新品の屈折望遠鏡の光学テストを行なっていた。[5]それは世界最大の屈折望遠鏡になるはずだった。口径一八・五インチ〔約四六センチ〕レンズの星像テストをするため、目立つ恒星に望遠鏡を向けていったとき、息子がシリウスのすぐそばに微かな恒星を目撃した。

　この重大な観測は記録されずに終わっていたかもしれない。しかし、幸いなことに父親が熱心な二重星観測者だったことから、息子にその発見のことを近くのハーバード大学天文台に知らせるよう促したのだろう。だが実際のところは、歴史家のバーバラ・ウェルターによると、天文書では以前から主張されていたように、これは偶然の発見というより、シリウスの伴星を探すよう「クラーク（父）とハーバード〔大学天文台〕のある人物の間に、シリウスの伴星探しについて事前のやりとりがあったのかもしれない」[6]。

　何にせよ、天文台長のジョージ・ボンドは一週間後に確認の観測を行ない、直ちに二つの論文を書き上げた。一つ目はドイツの天文誌へ寄稿した短い報告で、二つ目は簡明直截な報告で『アメリカ科学ジャーナル』誌に掲載された。この二つ目の論文では、ボンドの心中にあった大きな疑問が示されていた。「まだ不確かであるが、これまで観測されることがなかった、シリウスの運動を乱している天体がこれなのだろうか[7]」と彼は書いている。新発見の恒星は、シリウスの波打つような動きが説明できるまさにその位置にあるようだった。しかし、明るさが極端に暗い。実際、シリウスのふらつきを説明できる質量に対して、その恒星はあまりにも小さいことを示していた。シリウスBが奇妙な天体である最初の手がかりであった。

シリウスの暗い伴星を明らかにしたことから、アルヴァン・グラハム・クラークは一八六二年、その年最も際立つ貢献をしたとしてフランス科学アカデミーから有名なラランド賞を授与された[8]。世界中の天文学者は何年にもわたり、シリウスとその伴星の軌道ダンスを観測し続けた。その結果、伴星の質量は太陽と同じほどで、放射する光の量は太陽の一〇〇分の一以下であることが判明した。それでも、こうした不均衡については誰もとくに問題にしなかった。天文学者はただ肩をすくめ、シリウスBは、太陽のような恒星が、その末期にあるため温度が下がっているのだろうと考えたのである[9]。

この時点では、シリウスBの光を分光観測するということはまだ誰も行なっていなかった。そばにあるシリウスからの圧倒的な光のため、シリウスBのスペクトルを得るというのは容易な話ではなかったのだ。そのスペクトルが得られるまで、シリウスBは他の暗く温度の低い星のように黄色か赤い色をしていると考えられていた。当時は恒星は高温になるほど明るくなる、というのが常識だった。最大級に明るい恒星の色は白、青白、または青だった。

ところが一九一〇年、プリンストン大学の天文学者、ヘンリー・ノリス・ラッセルはこの常識に疑問を投げかけていた。ハーバード天文台で撮影された写真乾板で、エリダヌス座四〇番星に微かな伴星が写っていた。その伴星は一七八三年以来知られていたものだったが、[10]色は青白と分類されていた。ラッセルはその分類に疑問を持ったのだ。一九一四年、カリフォルニア州ウィルソン山天文台のウォルター・アダムズはそのスペクトルを確認した。[11]白色で高温の恒星が暗いのはどうしてだ？「私は面食らい、何を意味するのか解き明かそうとした」[12]とラッセルは当時を思い出す。そして一九一五年、アダムズは、シリウスの伴星のスペクトルも二万五〇〇〇Kという、太陽よりはるかに高温である青白星の特徴を示していることを明らかにした。[13]なぜ、それはシリウスのように猛烈な明るさで輝いていないのか？　白い恒星がわずかな放射しか出していないのはどうしてなのか？　もし、その恒星を太陽の位置に置けば、太陽のたった四〇〇分の一の明るさで我々を照らすことになる。

アーサー・エディントン（American Institute of Physics Emilio Segrè Visual Archives, gift of Subrahmanyan Chandrasekher）

ほどなくして、エストニアのエルンスト・エピックのような理論家やイギリスの天体物理学者、アーサー・エディントンが解答を見出した。[14]恒星が白色で太陽より高温であるとすれば、表面の一平方センチ当たりから放射する光は太陽よりも多いはずである。しかし、シリウスBは非常に暗いため、太陽よりも表面積が少ないということになる。言い換えれば、はるかに高密度で小さい天体ということである。実際、大きさは地球よりやや大きい程度になる（驚くべきことに、算出された密度は太陽の「平均」密度の二万五〇〇〇倍ほどになるため、

エピックは初めありえない結果と断言したほどだった）[15]。そのような恒星は「白色矮星」と呼ばれるようになった。

太陽質量が小さな体積に詰め込まれたような状況の天体がはたして安定なのかどうか、天文学者や物理学者はともにお手上げ状態だった。当時の物理学では安定性の説明がつかなかった。エディントンは後に悪ふざけで語っている。「シリウスの伴星のメッセージを解読してみると〝あなたが出会ってきたいかなるものより三〇〇〇倍も密に詰まった物質で私はできている。私の物質は、マッチ箱に入る塊くらいで一トンになる〟ということだ。そんなメッセージにどう応えたらいい？」[16]。我々のおおかたの答えというのは、こういうことだ。「黙ってろ、馬鹿なことをいうもんじゃない」。

その謎を解くには、一九二〇年代に進展した量子力学が必要だった。太陽質量が地球サイズに圧縮されると、当時知られていた宇宙の物質で最も高密度のものになった。イギリスの理論家、ラルフ・ファウラーは、一九二六年にコンパクトな矮星内の圧力を計算した[17]。極端な圧力のため原子核が、たくさんの小石を小さな体積に押し込んだようになった。原子には空虚な空間が広がっている（原子をフットボール競技場の大きさにすると、原子核は五〇ヤードラインにあるエンドウ豆くらいになり、最も遠い座席あたりに小さな電子が飛び回っていることになる）。しかし、白色矮星の内部では、その余分な空間が劇的に減らされている。同時に、原子をさらなる崩壊に到らせないよう、自由電子が内部エネルギーと圧力を発生させる。電子が互いに押し合っているため（ヴォルフガング・パウリによって定式化された量子力学の法則から、それらの電子は合体することはない）、電子はさらなる圧縮には抵抗する。そして、強く拘束され高速で動く電子による信じられないほどの圧力、縮退圧として知られるものが恒星をさらなる圧縮から防いでいるのだった。この圧力は、太陽の中心圧力の一〇〇万倍も強力だった。そうした圧力は、量子力学が成立するまで受け入れがたいものだった。白色矮星の超高密度物質は、地球上では再現不可能だった。恒星の極端な環境だけがそれを可能にした。天文学者はその後、太陽のような恒星の最後の段階では、そうした密度になるのが常だと知った。白色矮星というのは、恒星の燃料が尽き、外層を宇宙空間に放出し、明るい核部分がむき出しになった天体である。それは約五〇億年先に起こる太陽の運命である。灼熱の過去から放射されてきたエネルギーの残り火のように、白色矮星はついには冷えていき、輝きを失っていく。

恒星の進化の研究は、極端な密度の白色矮星の発見によって進んで行った。一九三〇年代、量子力学と相対論という新たな法則により、理論家は死にゆく恒星を見つけ、驚くと同時に戸惑うことになる。もしも死にゆく恒星に十分な質量があれば、白色矮星どころか、もっと奇妙な運命に直面するかもしれない。白色矮星の発見、そして、その物理的過程の理解によって、宇宙の虫が詰まったホール缶のふたが開けられたのである。

*

その最初のステップは一九三〇年夏に起こった。世界恐慌で世界が不況に陥っていった頃である。進展はインドからの一八日間の船旅から始まった。そこには、一九歳のスブラマニアン・チャンドラセカールがいた。単にチャンドラとして誰からも知られるような立派な若者だった。イギリスへの旅は最初は船で、次いで列車の旅となった。奨学金を得た彼は、ケンブリッジ大学で〔指導教官〕ラルフ・ファウラーのもとで研究生としての研究を始めることになっていた。チャンドラは、白色矮星の物理を研究していた。インドのマドラス大学在学中にすでに練っていたテーマだった。出発に先立ち、白色矮星の密度に関する論文の準備をしていた。ファウラーのアイデアを、アーサー・エディントンの恒星モデルに用いる内容だった。

ファウラーは、一立方センチあたり一トンという高密度圧縮天体の中に詰め込まれた電子の圧力が、どのようにして白色矮星を保っているのかを示したばかりだった。しかし、その状態は永遠に続くのだろうか？　チャンドラは船内で熟考を重ねた。もしも白色矮星がもっと重かったら、何が起こるだろう？　長い船旅で考える時間はたっぷりあった。スエズ運河を通って地中海に出たとき、ひらめくものがあった。白色矮星が次第に重くなっていくと、濃密な恒星の多くの電子が光のスピードに近づいていった。これは、ファウラーが行なっていなかったこと、すなわち恒星の振る舞いに相対論の法則が必要であることを意味していた。

学部生時代に量子力学や相対論を学んだチャンドラは汽船上で計算を行ない、白色矮星の質量に上限があることがわかり驚いた（今日その値は、太陽質量の一・四倍として知られている）。科学文献の熱心な読者でもある彼は重要な本を読んでおり、参考になる本を三冊船上に持ち込んでいたため、こうした研究を成し遂げることができたのだ。「とてもシンプルで基本的だから、誰でもできたことです」[18]とチャンドラは謙遜して一九七一年に語っている。彼が計算した限界を超えてしまうと、白色矮星は自らの重力に抗して支えきれなくなる。そこで何が起こるのか、正確なことはよくわからなかった。チャンドラは白色矮星がどうなってしまうのかわからなかったのである。「どのような終わり方かはわからない」と彼は、発見時を思い出しながらファウラーに言った。

しかし、大学到着後まもなく、チャンドラはその発見についての論文を書き上げた。ファウラーは、チャンドラの旅行前の白色矮星の密度に関する論文を『フィロソフィカル・マガジン』に送ったが、チャンドラの相対論的解の方は、意見を聞くため別の専門家のもとへ送った。何も返事がないまま数ヵ月が過ぎた。チャンドラは、イギリスで公表できる見込みがないと落胆した。彼は二つ目の論文を自分でアメリカに送った。その結果、一九三一年の『アストロフィジカル・ジャーナル』に「理想的な白色矮星の質量上限」というタイトルの短い論文が掲載された[19]。実はこの論文は、掲載される予定のないものだった。査読者は、初め方程式の一つに疑問を持ったのだが、詳しい証明の提供を受けて解決した。「彼の方程式に誤った批判をしたことをすまなく思う[20]」と査読者は編集者に告げている。「しかし、この方程式の正しさこそがむしろ驚くべきことなのだ。すぐには気づかなかったが」。

1934年、ケンブリッジ大学のスブラマニアン・チャンドラセカール（American Institute of Physics Emilio Segrè Visual Archives, gift of Subrahmanyan Chandrasekher）

チャンドラが計算を始めたとき、イギリスのエドマンド・ストーナーやエストニアのヴィルヘルム・アンダーソンらがすでに白色矮星の密度の上限を見積もり発表していたことをチャンドラは知らなかった[1]。彼らは、原子どうしがぎっしりと詰まった状態で計算をしていたのだ。チャンドラの方は、もっと高度な恒星モデルを用いていた。結局はその方がより確実な結論が得られるのだった[21]。チャンドラの方程式では、閾値（しきいち）を超すとどうなるかが示されていた。恒星全体が崩壊し、無限大の密度になってしまうのだった（彼はその結果を「ありえないこと」[22]と見なしていた）。

チャンドラだけでなく、ほかでも同じテーマに取り組んでいた研究者がいても不思議ではなかった。恒星の質量という問題が未解決だった。天体物理学者が恒星の内部構造を解析すべきときが来ていた。エネルギー源は何で、どのような構造なのか？ 何世紀にもわたり取り組んできた恒星の位置や動きといった問題ではなく、天文学者は（理論で）恒星の中身を解明し、どのようにしくみになっているのか知りたいと望んだのだった。チャンドラがイギリスで白色矮星について考えていたころ、ソ連では聡明な理論家レフ・ランダウが恒星の内部構造について考えていた。ランダウは、専門である核物理学で驚くべき発見をいくつもしていた。冷たい物質の塊として、単純化した恒星モデルを設定し、一九三一年に彼が出した結論は、もし、恒星が太陽質量の一・五倍より重ければ「一点に崩壊していくことは量子論全体と矛盾することはない」[23]というものだった。しかし、これは明らかに「ばかげた」[24]結果と彼は断じた。もっと重い恒星があることをランダウは知っていた。この明らかな矛盾をどう解消したらよいのか。物理の法則は、恒星の中心部で破綻をきたしてしまうに違いないと彼は考えた。それは、デンマークの原子物理学者、ニールス・ボーアが早々に表明した見解だった[25]。恒星の核はランダウが言うように「病的」領域であり、物質の密度が非常に大きくなり、「一つの巨大な核」になってしまっている[26]。先見性があったのだろう、来るべきことの前兆であった。

一方、チャンドラは白色矮星の運命の謎を追求し続けていたが、困惑するばかりだった。一九三二年にそうした問題を発表した。今回は、イギリスの査読者による反対をさけるため、ドイツ誌での発表となった。その最後のセンテンスで彼は次のように書いた。「〝電子と原子核（これらの電荷の総和はゼロ）を含むものを、無限小に圧縮すると何が起きるのか〃それがわからない限り、恒星の構造に関する研究で大きな進展は不可能かもしれない[27]」。実際、恒星に何が起きるのだろうか？　イタリック体〔〃……〃の部分〕で自分の最終的な考えを提示したことで、チャンドラは、無関心な天体物理学界の注意を引き、行動を促したのではないか。恒星物理学におけるイギリスのトップは、エディントン、ジェイムズ・ジーンズ、そしてエドワード・ミルンだった。彼らは、恒星の正確な内部構造や組成についての議論で忙しく[28]、とても平凡な研究生の理論に注意を向けることなどおよそなかった。三人の闘士が一致するのは、恒星は決して一点には崩壊しないということだった。

一九三二年の論文が発表されたのち、しばらくチャンドラは、旅行をしたり他の天体物理上の問題に取り組んでいた。博士号を取得し、ケンブリッジ大学のトリニティ・カレッジ所属研究者（フェロー）に選ばれると、再び白色矮星の問題に取り組み始めた。「調査を徹底的に行なったことが大きな成果につながったことは強調しておきたい[29]」と彼は一九三四年に書いている。「すなわち、小質量の恒星と大質量の恒星では、その生涯が本質的に異なることが確実になったのだ。小質量の恒星では、白色矮星という自然な段階が完全な消滅への一歩であるが、大質量の恒星では、白色矮星という段階は通らず、別の可能性を推測することになる」。言い換えれば、小質量星は確実に白色矮星として死に、中心核が限界を超えた大質量星の運命は不明ということだ。どんなことが起こりそうか？

この発見が新たな物理学に発展するかもしれないとチャンドラは考えた。「だが、距離を置いておいた……。結論を出すのはためらっていた[30]」と彼は言う。。物理学の著名な研究者たちがいる大学の留学生として、チャンドラは居場所のない感じがすることがよくあった。「重要なことをしている大勢の人がいるのに、自分がしていることはつまらないことではないのか、そんな心配で気がめいることもあった[31]」とチャンドラは回想する。

それでもチャンドラは、黙々と問題に取り組んでいった。ロシアを訪問した際、天体の密度や特性の範囲で、白色矮星の例を適切に選べば決して臨界質量限界を超えないことを説明すれば、チャンドラの限界はちゃんと理解してもらえると、ロシアの科学者たちは彼に言い聞かせた。チャンドラは大型卓上計算機を使って、恒星の複雑な微分方程式を解くというチャレンジに打って出ることを決意した[32]。一九三五年一月一日に計算は終わり、イギリスの『王立天文学会月報』に発表されることになった。論文に入れたグラフの説明には「白色矮星は質量が大きいほど半径は小さくなっていき、ゼロに近づいていく」とあった。ある重さを超えると、白色矮星は無に向かって縮小していくだけである。チャンドラの初期の研究は近似に基づいたものだったが[2]、今回は正確な解を得ていた[33]。

それは消耗するような経験だった。一日一二時間もそれにかかわっている日が何ヵ月も続いた。「恒星内部の謎に集中し、微分方程式や数値計算との格闘、不案内による遅れ、年明けも迫ってきた」と、直後に兄弟のバラクリシュナンに書いている。「ついに脱した。実際には、自然のルツボの中へ飛び込んでいくような歓喜を伴うものではなく、燃焼し、満たされない気持ちのまま、疲労を感じていた[34]」。

彼の結論は、まぎれもなく単刀直入そのものだった。「中心の密度が十分高まると……形状は非常に小さな半径となり、天体物理学上の現実的意味がなくなってしまうようになる[35]」とチャンドラは記している。恒星がこのようになるとは考えられておらず、アーサー・エディントン卿はその知らせにかなり不満そうであった。一九三五年一月一一日にはロンドンで王立天文学会の会議があり、チャンドラセカールの恒星崩壊という思い切ったアイデアを討議した際、エディントンは、(しばしば引用される)ひどく評判の悪い意見表明をした。「恒星がこうした非常識な振る舞いをしないような自然の法則があるはずだ[36]」。すると、聴衆は大笑いしたという。

学会で発表した際、丁重な拍手で送られたが、エディントンからの辛辣な反応を聞いてチャンドラは驚き、聴衆の反応に心を痛めた。チャンドラは、計算を行なっている何週間もの間、エディントンに相談を持ちかけていたが、エディントンは非難めいたことは一言も言っていなかったのだ。エディントンは、大型卓上計算機の入手を助けてもくれた[37]。エディントンは下劣にも、公的な場でチャンドラの結果が非難されるのを待っていたかのようだった。そして、天体物理学史上、最も悪名高い知性の争いの一つとなっていった。

エディントンにはこれ以上ないような不満があった。彼は相対論と量子力学をミックスさせるのは間違いと考えていたが、チャンドラが白色矮星にとった対処はまさにそれだった。「会議場から抜け出るべきかどうかはわからなかった。しかし、要するに……相対論的な縮退というものはなく、……合法的な婚姻関係で生まれた子の子孫とは見なさない[38]」とエディントンは天文学者らに告げた。同年後半に出された『王立天文学会月報』誌上に掲載された目障りな記事で、エディントンは「邪悪な縁組[39]」と呼び続けた。チャンドラの独特なアプローチを彼はまったく信頼しなかった。エディントンは天体物理学の分野で長く優れた才能を示した。とくに、恒星の標準モデルの確立（二〇世紀の天文学で最も偉大な業績の一つ）でそうであったため、まさか自分が間違っているとは思いもよらなかった。教授が着用するツイードに身を固め、直立姿勢で上品な鼻眼鏡をかけたこの著名な天文学者は、イギリスの威信の化身のように思えた。

それでも、天文学会でのエディントンの率直な反応は、異常というものではなかった。彼は常日頃からよき知的な論争の備えをしていた。彼にとっては論争も科学のプロセスであった。チャンドラは悲嘆にくれてはいたが孤独ではなかった。何年にもわたり、多くの者がエディントンの剣のようなウィットで酷評されてきたのだ。しかし、協会のほかのメンバーは、なぜあの重大な夜、チャンドラに加勢しなかったのか？[40] 問題の一部は、チャンドラが使用した数学と物理にあった。恒星の理論になじみのある者はほとんどいなかった（量子力学や特殊相対論となるとなおさらだった）。エディントンは、恒星の構造や明るさについての世界的権威であった。こうした基準に沿って考えれば、エディントンはもちろん正しく、チャンドラが間違っているに違いない。若き理論家の研究を支持するにせよ、表立って当時の天体物理学の先駆者であるエディントンを批判するのは恐ろしかったのだ。数年しないうちに、エディントンの間違いを見つけた天体物理学者らが現われたときも、彼らは公にせず沈黙を守った。天文学の高僧の権威を落とさぬよう願ったのだ。多くの者たちがチャンドラに忠告した。エディントンへの反証を出さないでおくようにと。チャンドラは仲間からの支援がないことにたいへん悔しい思いをした。

エディントンの恒星に関する専門知識が賞賛すべきものであったなら、なぜ彼が、新たな天体物理学を切りひらいていくことができなかったのか謎である。相対論の世界的権威であったし、量子力学を他分野に応用する力もあった。事実、彼は、白色矮星の〔質量の〕上限に関するストーナーの発見の一部を早くから支持し、[41] それらを『王立天文学会月報』に伝えたのである。今回は、相対論と量子力学を分けておきたいと熱望したからだろうか？　圧縮の結果消滅に至るような途方もない考えにただ心理的に圧倒されたという可能性もある。いったいその物質はどこへ行くのか？　それまでの五二年を生き、教育を受けてきたが、彼の知る宇宙はもっとシンプルなものだった。エディントンには、自然はそのような振る舞いをしない確信があった。彼にとって、それは常識に反することだったのだ。

チャンドラの結論を打ち砕くかのように、好まぬ物理を無視しエディントンは行動した。イギリスの科学史研究家であるアーサー・ミラーによれば、エディントンはもっぱら、チャンドラに八年間自分が取り組んできた非現実的な数学プランを押しつけていた[42]。それは、物理定数や宇宙内の粒子数を導くというまったく馬鹿げた計画だった。チャンドラの発見は、エディントンがようやく手に入れたものを危険にさらすものだった。エディントンの統一理論は、相対論的縮退が真実なら成立しないのだった。

こうして、エディントンが断固として反対に回ったことも不思議ではない。一九三六年のハーバード大学での演説で、彼はチャンドラの白色矮星の限界のことを「星の悪ふざけ[43]」と呼んだ。チャンドラは常に紳士であった。非難にも冷静に対処した。カナダの物理学者、ヴェルナー・イズラエルは、当時「論争はクリケットのようなスポーツだ。あとで休憩室で回復し、ワインを分かち合う[44]」と言っている。見解の相違はそれとして、それ以上争わない、誠意を保つという意味である。茶を飲み、スポーツイベントに参加し、ともに自転車乗りに出かけるのである。確かに彼の分析は正しかった。チャンドラは、時間が問題をよい方向に解決してくれるだろうと考えた。そのため、彼はとても辛かったが辛抱強く耐えていた。心の中では、天文学者らがチャンドラについて思っていることに狼狽していた。「彼らは私のことを、エディントンを殺そうとするドン・キホーテのように見ていた[45]」とチャンドラは約四〇年後に語った。想像できると思うが、天文学の最前線の論争の中で、それは心が折れてしまうような経験だった。

イギリスの偉人の一人から馬鹿にされることは科学的な屈辱であり、若き研究者には挫折そのものであった。白色矮星の質量の上限である「チャンドラセカールの限界[46]」が天体物理学の教科書に基本的な数値として掲載されるには、二〇年以上かかったのである。そのかなりあとになって一九八三年、チャンドラはノーベル賞を受賞することになる。

一九三〇年代に起こった策謀にはすべてに不都合な面があった。チャンドラの自信は明らかに揺らいだ。ついには、アメリカへ移住し、二〇年間、白色矮星の研究から遠ざかることになった。アメリカの科学者らはチャンドラの考えに好意的だった。彼はシカゴ大学のヤーキーズ天文台で他の天体物理学上の問題を研究することになった。「何をすべきか決心しなければならなかった。残りの人生を戦い続けなければならないのか？　当時、私は二〇代半ばだった。三〇代、四〇代でも科学に携わる仕事をしていると思っていた。ただ、済んだことをいつまでも言い続けるのは生産的ではないと思った」[47]と後にチャンドラは回想している。チャンドラは騒動中、公には平静を装っていたが、エディントンの批判に心を痛めていた。

結局はエディントンが間違っていたことがわかり、恒星を崩壊から守る安全ネットは存在しなかった。若きチャンドラは、白色矮星が太陽質量の一・四倍を超すと何が起こるのか、思い切って推測するようなことはけっしてなかった。本来保守的なチャンドラは、敢えて推測を行なうことはなかった。ただ、他の理論家たちが中性子星やブラックホールの存在を考えるきっかけとなるドアを広げたのであった。

もしも、エディントンがチャンドラを擁護していたなら、天文学者らはもっと早くブラックホールの可能性を受け入れただろうか？　そうではないだろうと当時の科学界の趨勢を深く調べたことのあるイズラエルは言う。「一九三五年の天文学コミュニティーは、重力崩壊という考えを「買う」段階にはまだなかった。エディントンのような熟練のセールスマンですら、あらゆる説得にも応じなかったのだ」[48]。第二次大戦前夜であるその当時、天文学者はかなり旧態依然としており、相対論や量子力学といった新しい物理学を天体物理学上の問題に応用しようなどとは考えもしなければ身に着けようともしなかった。多くの天文学者は、相対論が物理学の一部ではなく、むしろ数学の分野であると見ていた。

もしも、新しい物理法則が特異点の発生にストップをかけることがないなら、天文学者らはほかの力がストップをかけると確信していた。恒星物理学はまだ始まったばかりで、わからないことは多かった。多くの天文学者が考えていたのは、大質量星がその質量を減じるような現象を起こすはずだというもので、長期間にわたり物質を放出して結局は太陽質量の一・四倍に収まるようになるのだという考えだった。白色矮星として静かな死を迎えるというものである。チャンドラですら、このような考えに向かってしばらく研究していたほどだった[49]。

しかし、これは単なる「その場しのぎの誤謬」（都合のよい身のかわし）のよい例で、思いも寄らないことに直面するまでの単なる時間稼ぎであった。

第５章

厄介者登場

バーデ、ツヴィッキー

銀河系の中には、二つ以上の恒星が互いに回り合う多重星系がある。ちょうど地球を月が回るようなものだ。もし、一方の恒星が白色矮星なら興味深いことが起こるだろうか？　そんなことが一九七五年八月二九日に起こった[1]。

その日、日本に夕闇が迫る頃、当時〔山口県の〕高校生だった長田健太郎は、自由な時間に夜空の観測をするのが常だったが、その夜〔午後八時半〕彼は、はくちょう座の尻尾に見慣れぬ星が光っていることに気づいた。いままでそのような星はそこにはなく、やがてその明るさは、はくちょう座で最も明るいデネブに迫るほどになった。数時間ほどでほかの大勢のアマチュアやプロの天文学者が、新天体発見情報が集まるマサチューセッツ州ケンブリッジの天文電報中央局に、電報や電話でその天体のことを知らせてきた。

その天体は新星（英語では nova という）というものだった。「新星」という名前は、新たに作られた星という誤った解釈で古代の天文学者が与えた名前である。二千年以上も前の時代、空に新星が現われたことから、ギリシャの天文学者ヒッパルコス[2]は恒星カタログの準備を始めた。しっかりした内容のものとしては、西側世界で最初の観測された恒星カタログとなるものだった。一九世紀半ばまでは、新星の起源をめぐって風変わりな理論がいくつもあった。たとえば、流星群同士の衝突とか、恒星が星間物質の雲に衝突し、その際の摩擦熱で光り輝くというものまであった。長田やほかの観測者が実際にその夜見たものは、恒星上の爆発であった。恒星で突然爆発が起こり、驚くほどの明るさになり、やがてゆっくりと元の明るさにまで暗くなっていくのだった。

一九七五年のその新星は、現在は正式に V1500 Cygni（はくちょう座新星Ｖ一五〇〇）と呼ばれている。白色矮星とそのそばを回る赤色矮星の伴星から成っている連星であり、〔太陽系から〕およそ六〇〇〇光年かなたにあることがわかっている[3]。二つの恒星が接近しているため、白色矮星の強力な重力場によって赤色矮星からガスが引き出され、白色矮星の周囲にガスが渦巻く円盤が形成される[4]。やがて、その物質の一部は白色矮星の表面に達し、水素の薄い層が表面を覆うようになる。重力で圧縮され、熱せられたその層は、突然水素の核融合反応を起こし大爆発を発生させる。新星の誕生である。はくちょう座新星V一五〇〇の明るさは、急速に一億倍の数分の一にまで増大し、二〇世紀で最も明るい新星の一つとなり、数日間〔肉眼で〕見えていた。

しかし、そのようなものすごい爆発でも、恒星全体が吹き飛ぶわけではない。白色矮星が伴星から再び物質を奪いとって、核融合の燃料となる水素の層を形成すれば、はくちょう座新星は一万年程度でまた明るくなるかもしれない。こうしたことは新星としてはごく普通の例である。銀河系では、毎年およそ三〇個の白色矮星がこのようにして爆発を起こしている。「古代から伝わる我々のよく知っている星座に変化が生じると奇怪な感じがする[5]」と一九三九年にヘンリー・ノリス・ラッセルは言っている。「初めて新星を見たときの印象をよく覚えている。音がするような感じから逃れられなかった!」。我々の銀河系の向こうにある他の銀河においても、毎年多くの新星が目撃されている。

しかし、新星について天文学者が正確に理解する以前でも、新星には複数の種類があることが知られていた。「普通」の新星は、すぐに見えなくなるのだが、はるかに明るく出現もたいへんに稀な種類の新星があった。ラッセルは「人類にはまだ知られていない、とてつもない別種の現象[6]」と派手に表現したが、銀河系にはこうした現象が数世紀に一度しか目撃されていない。有名なおうし座の「かに星雲」は、そうした爆発の残骸である。一〇五四年に中国の天文学者が記録に残している[1]。天文学者の中には、それらを「巨大新星[7]」と呼ぶ者や、「異常新星[8]」などと呼ぶ者もいた。カリフォルニア

ウォルター・バーデ（Courtesy of the Huntington Library, San Marino, California）

州ウィルソン山天文台のウォルター・バーデの母国語では、ハウプトノヴァ[9]（主新星）と呼ばれていた。

宇宙の膨張を発見した同僚のエドウィン・ハッブルほど有名ではなかったが、バーデは、実際すぐれた観測天文学者であった。一九五二年、彼はハッブルによる宇宙のサイズ〔各銀河までの距離〕が実際よりも小さく見積もられており、大きさも年齢も二倍であることを発見した[10]。ドイツで生まれ育ったバーデは先天性股関節形成異常で、歩行が不自由で片足をひきずるようにして歩いていた。しかし、この障害があったからこそ、この意欲的な天文学者は第一次世界大戦を避けることができたし、また、有用な多くの観測技術を、学位論文の研究中にじっくりと学ぶことができたのである。同僚によると、バーデは「最大の捜査ストーリーとして宇宙の謎を見ていた。まるで主役探偵の一人のように[11]」。

博士号を取得後、ハンブルク天文台に職を得たバーデは、一九二一年に初めて、極めて明るく稀にしか出現しない新星の一つを目撃することになった。その新星はNGC二六〇八という渦状銀河に突然現われ、バーデはすぐに写真撮影を行なった。撮影は定期的に、新星が暗くなる翌年まで続けられた。[12] そのような異常な新星は、驚くほど膨大なエネルギーを発しているはずで、[13] 通常のタイプの新星とは比べ物にならないとバーデは確信した。実際、そのような爆発一つだけで、明るさは銀河に含まれるすべての星の光の総和ほどにもなる。驚くべきそうした明るさに対し、スウェーデンの天文学者クヌート・ルンドマルクはこのような天体に「超新星」（supernova）という名前を与えた。[14]

一九三一年当時世界最大の望遠鏡を超新星の観測に使用するため、ウィルソン山天文台にバーデが移った直後、近くのカリフォルニア工科大学（カルテック）からフリッツ・ツヴィッキーが同僚に加わった。スイス人の両親を持ち、一八九八年にブルガリアで生まれたツヴィッキーは、スイスのチューリッヒで教育を受け、一生スイス国籍のままだった。一九二五年にカルテックに物理学部の研究員として移ってきた。ここで彼は液体や結晶の物理特性の研究を行なった。しかし、それは手始めにすぎず、好奇心旺盛な彼はついには教授になり、生涯に六〇〇篇近い科学論文を発表した。研究対象は、宇宙線、銀河間の距離、銀河団の年齢、航空機の推進、流星、気体の電離、量子論、固体の弾性、結晶格子、電解質、重力レンズ、推進剤、そしてクエーサーと広範囲に及んでいた。

カルテックの打ち解けたキャンパスの雰囲気にもかかわらず、ツヴィッキーは、一九世紀ヨーロッパの教授のような堅苦しさを漂わせていた。彼は攻撃的であり、独創的で、しかも頑固な意見の持ち主だった。そして、このうえなく科学的な個人主義者だった。自分の好きなことの研究（天文学は趣味だと彼は言っていた）[15]や、かなり突飛なアイデアを支持することで、常日頃、物理や天文の同僚を悩ませていた。そうしたアイデアの中には、真実であることがわかるまで何十年もかかるものもあった。たとえば、一九三三年、初めて「ダークマター」（彼はドイツ語で「ダンクル・マテーリエ」と呼んだ）というものの存在を提案した。[16]「ダークマター」は、今日、天文学上の大きな謎の一つになっ

フリッツ・ツヴィッキー（Photograph by Fred Stein, courtesy of the American Institute of Physics Emilio Segrè Visual Archives）

ている。「ツヴィッキーは、他人が間違っていることを証明しようとする人間の一人だ」[17]と、カルテックの天文学者、ウォーレス・サージェントは回想する。彼の好きなフレーズは（彼自身が精一杯行なったことを）「クソ野郎どもに見せてやる」だった。

バーデとツヴィッキーは奇妙な天界二人組で、ツヴィッキーは怒りっぽく横柄で、ふだんから孤独な研究者であった。一方のバーデは、話し方も穏やかで、落ち着いた雰囲気のチームプレイヤーであった。それでも、共通の言語・文化的伝統を持つこの二人はすぐに打ち解け、超新星について長々と話しているのを町で見かけることもよくあった（数年後、ひどい仲たがいをするまでは）。

彼らはすぐれた共同研究のいくつかを一九三三年に行なっている。典型的な白色矮星よりももっと重たい天体の場合に何が起きるのか、イギリスのチャンドラセカールがためらいながらも推測を進めていたとき、ツヴィッキーはすぐさまアイデアを出していた。それはちょうど、イギリスのジェームズ・チャドウィックが原子核に高エネルギー放射線を衝突させる実験を行なった前年[18]だった。チャドウィックはある粒子を取り出すことに成功した。それは理論家たちが予測していた特性をすべて持つ粒子だった。質量は陽子とほぼ同じだが、電荷はない。この粒子は電気的に中性であったことから、中性子と名づけられた。

素粒子物理学界からのニュースでそのことを知ったツヴィッキーは、まだ正しい過程は知らなかったが、血気盛んないつもの調子で、この新発見の粒子を使えば超新星爆発をうまく説明できるのではと考えた。どのようにかして、恒星の核が時間とともにどんどん圧縮され、ついには、ちょうど原子核のような途方もない密度になる。恒星の核の中で、マイナスの電荷の電子と、プラスの電荷の陽子が中心に向かって圧縮され、中性子の塊となるだろう。「そのような恒星は」と彼とバーデは『アメリカ科学アカデミー紀要』で書いている。[19]「非常に小さな半径、極端な高密度になるかもしれない」。実際、たかだか都市程度の大きさとなる。ツヴィッキーがそうした恒星を「中性子星」と呼んだのも自然なことと見られる。

ツヴィッキーの時代以降、天文学者は超新星になる過程について研究してきた。それは、もともとの恒星の質量がどれくらいであったかに依存している。平均的な恒星は、その一生を通じて驚くほどバランスのとれた振る舞いをする。重力は、常に物質を内部方向へと引きつけ、圧縮し続けていく。と同時に、恒星の高温ガスのものすごい圧力が外向きに働く。結果として安定した恒星が光と熱を宇宙に放つ。太陽はおよそ五〇億年もこうしたバランスをとってきた。そして、今後約五〇億年も——。しかし、この道には終点がある。水素原子が融合してヘリウムになり、やがて水素原子が尽きてくる。すると、重力がまさり恒星の核が縮小する。この重力エネルギーの解放とともに恒星の外層は膨張し、冷却する。このようにして巨星が誕生する。黄色の恒星ではなく、より低温の赤い恒星となる。この時点でヘリウムが燃料となる。

太陽については、ヘリウムもついには燃料と化し、核ではさらなる融合が進む。結果生じるのが炭素と酸素である。太陽の場合にはそれ以上の核融合の進展はない。さらに重い元素を融合させるほど太陽は重くはない。燃料が尽きたら、赤色巨星の外層はやがて離れていき、高温の核だけが白色矮星としてとり残される。その大きさは地球ほどである。核融合エンジンが止まってしまったら、今日の太陽質量の四分の三ほどの星の固まりはゆっくりと冷え始める。白色矮星では、平均密度が一立方センチあたり五グラムである。地球の平均密度（スプーン一杯分くらいの体積の質量）は一立方センチあたり一〇キログラム～一〇〇トンになる。その重力は、とてつもない宇宙の万力となり、高層ビルの質量が角砂糖サイズに圧縮されてしまう[20]。ついには「電子圧」がそれ以上白色矮星がつぶれるのを妨げる。追い詰められた状態の電子は微動だにせず、重力に抗するだけの力を発揮する。

しかし、恒星が太陽よりもはるかに重たかったら何が起こるだろうか？　まず、その恒星は炭素や酸素が核でできたあとも燃え続ける。原子核が融合してネオンやマグネシウムができ、これらがさらに重い元素、ケイ素、硫黄、アルゴン、カルシウムなどを作る材料になる。もし恒星が十分重たければ、こうした反応が最終的に鉄を作るところまで続いていく。そこが終点となる。鉄を融合させようとすると、エネルギーを出すよりも吸収する反応となるため、それ以上エネルギーを発生させることができず、重力がまさるようになる。実際、激烈な場面に突入する。恒星の核が鉄になってすぐに、恒星は破滅的崩壊を起こす。いったん月サイズになった核は、一秒と経たぬうちに都市サイズに圧縮される。そう、一秒と経たぬうちに――。

どうしたらそんなことになるのだろうか？　電子がもはや重力に抗する力を持っていないからだ。恒星全体の崩壊で、電子は陽子と融合して中性子となる。電気的に中性の粒子だ。この過程で大量のニュートリノが放出される。できあがったものは、直径約二〇キロメートルの中性子星である。この球体の密度は膨大で、地球の密度の一〇〇兆倍以上になる（もしも、中性子星の密度にまで水の密度を高めるとすると、五大湖すべての水を家の浴槽に詰め込んだ状態になると言われたものである）。[21]もし、中性子星表面に山があったとすると、重力の強さを考えれば、数センチメートル以上の高さにはなりえない。こうした状況で、それ以上の圧縮に抗し、恒星を支えているのは強力な核力である。

こうしたことが起こっている証拠は、崩壊時に発生するニュートリノの噴流、そして衝撃波である。それらが、恒星の残る外層部分に突入し表面に現われると、その結果をすさまじい爆発、超新星として目にすることになる。ここに、一九三〇年代にツヴィッキーが予想したとおり、中性子星が誕生することになる。その過程で、鉄よりも重い元素が爆発による無秩序な乱流雲の中で作り上げられる。

ツヴィッキーはもちろん、当時これほど詳しいことをすべて知っていたわけではない。彼は単に、恒星が大量のエネルギー不足に陥ることで、核が小さく小さくなっていき、何らかのしくみで途方もないエネルギーが放たれると考えただけである。しかし、超新星のこうした初期的研究であっても、中性子星という驚くべき予想がされたのであるが、三〇年におよびその存在は確認されなかった。ツヴィッキーの時代には中性子星は理論上の存在で、もしも実際に存在していても、極度に小さすぎて観測にはかからないとされていた（一九六七年にイギリスの天文学者ジョスリン・ベルがついに、電波を出すパルサーとして中性子星を発見し、すべてが一転する）。

バーデとツヴィッキーは、彼らの先見性あるアイデアを、一九三三年一二月にスタンフォード大学で開催されたアメリカ物理学会で初めて披露した。恒星が非常に強力な爆発を起こす超新星というアイデアに天文学者たちは好意的だったが、中性子星という概念は不自然で現実離れしていると思われた。彼らは超新星爆発によって、余分な質量は吹き飛び、残った質量は白色矮星として落ち着くことになると考えたのだった。物質の圧縮は白色矮星の超高密度までにとどまるということで何とか気を休めたかったのだ。その結果、誰も中性子星を真剣に受けとらなかった。勇敢な精神の持ち主数人をのぞいては——。チャンドラは一九三九年のパリでの会議で、中性子でできた核が「超新星の源であるかもしれない[22]」と中性子星の存在を認める発言をしている。しかし、彼とてただちに追従したわけではなかった。中性子星の存在を真剣に受け止めた人物には、ソ連のレフ・ランダウやカリフォルニア大学バークレー校のJ・ロバート・オッペンハイマーがいた。オッペンハイマーは、原爆の父と言われるようになった人物である。この二人の物理学者は、中性子星のアイデアを拒絶するようなことはせず研究を行なった。それは、ブラックホールの物語の重要な転換期であった。宇宙はいまいましい特異点を生み出すかもしれないと、少なくとも数名の研究者が思い始めたのである。

第6章

重力場だけが存続

ランダウ、オッペンハイマー

一九三〇年代後半は、ソ連にとって辛く絶望的な時代だった。ヨシフ・スターリンにより始められた大粛清がまさに頂点に達した感があった。レフ・ランダウは、熱烈なマルクス主義者であるにもかかわらず、自分も狙われていると思った。一九二〇年代、ソ連の科学者に対する規制がまだ緩やかだったとき、ランダウは西ヨーロッパでしばらく過ごし、物理学で有名だった大学の研究所を訪問した。彼はぼさぼさの髪の毛をした若き天才であった。物理学の広い範囲の問題を研究し、その内容は創造的な洞察と巧妙な数学の使用とでよく知られていた[1]。ランダウ本人に会えば、その天才ぶりは誰にでもわかった。ところが、一九三一年にソ連に戻るとすぐに、科学者が西側と連絡をとることは犯罪となった。資本主義に汚染されまいとしてのことであった。ちょうど西側を訪問したばかり（以前の、もっと自由な時期の訪問であっても）のランダウは疑いをかけられた。

一九三七年には、粛清は共産党ばかりか知識階級にまで及んでいた。結果として、当時二九歳のランダウは、仕事である原子物理学、電磁気学、そして超伝導の研究を中断して、物理学への大きな挑戦として恒星エネルギーの問題を見直すことになった。学問上の力関係で抜け目のないランダウ[2]は、恒星がいかにしてエネルギーを得ているのか突き止めることで科学的名誉を得ることができれば、逮捕を免れるかもしれないと考えたのだ。彼の同僚の多くが身柄を拘束されていた。科学上の大発見をして世界の注目を集めれば、自分を見逃してくれるだろうと彼は確信していた。

まったく新しい研究でやっていくには、天体物理学の標準的な恒星モデルにこだわっていては駄目だと考えた彼は、「恒星は中性子の核を持つ[3]」というアイデアに飛びついた。ツヴィッキーは中性子星が形成されることが超新星の引き金になると考えていたが、ランダウは、通常の恒星すべてについて、高密度の中心部では原子核と電子が一体になり中性子になっていると結論した。彼によれば、中性子でできた核は非常に小さいため、十分なエネルギーを何十億年にもわたり放出することができる[4]という。ランダウの友人である物理学者のジョージ・ガモフは、原子物理学について当時書いた本の中で、そのような恒星の核の密度を計算している。一立方センチあたりおよそ一〇〇兆トンとなり、原子核と似た状況になる[5]。ガモフはさらに続けて、恒星の核がそのような密度に圧縮されたときに放たれる重力エネルギーは、恒星の寿命を極めて長い期間維持するのに十分とした[6]。

ランダウは原稿をコペンハーゲンのニールス・ボーアに送った。ボーアはソビエト科学アカデミーの名誉会員であるため、西側と連絡をとったとしてもまだ許されるルートであった。ボーアはそれを科学誌『ネイチャー』に転送したところ、一九三八年二月一九日号に論文が掲載された[7]。その中でランダウは、「我々は恒星を中性子でできた核を持つ天体と考えており、成長とともに高温で恒星を支えるだけのエネルギーを発生させる[8]」と主張した。

レフ・ランダウ（American Institute of Physics Emilio Segrè Visual Archives, Margrethe Bohr Collection）

論文が出版されるとランダウは巧みに広報キャンペーンを考案した。上層部とコンタクトをとり、ソ連で最も影響力のある新聞の一つに、彼の論文を「天体物理学で最も重要なプロセスの一つに、新たな生命を与える果敢なアイデア[9]」などと賞賛するよう仕向けた。

うまい方法だったが十分とは言えなかった。ランダウの政治的策略、すなわちボーアの支持、メディアによる報道、一流誌での発表というのはみじめな失敗に終わった（彼が一九三八年のメーデーのパレードで、反スターリン主義のリーフレットを配る準備をしていた[10]というのも、おそらく上記の失敗が原因かもしれない）。ランダウは結局逮捕され、一年間投獄された。その理由というのが、ユダヤ人である彼がナチスドイツのスパイをしていたからというばかげたものであった。だが、有名なソ連の物理学者であるピョートル・カピッツァが仲裁に入ってくれたおかげで釈放された[11]。カピッツァは声高に、ランダウだけが超流体という新発見の現象を説明できるとソ連当局に言ったのである。カピッツァは正しかった。ランダウは極低温の液体が摩擦なしに流れる現象を解き明かし、その功績で一九六二年にノーベル賞を受賞することになる。

ランダウは超流体について素晴らしい才能を発揮したが、恒星のエネルギーについてはうまくいかなかった。恒星のエネルギー分野に関する彼の物理には深刻な欠陥があった。ランダウの発表のまさに翌年である一九三九年、ドイツ出身のアメリカの物理学者ハンス・ベーテが、太陽がなぜ輝くのか、その理由を解き明かした。恒星のエネルギー源は、重力エネルギーではなく、核融合エネルギーであることを考え出した最初の人物はベーテであった。

それでも『ネイチャー』に掲載されたランダウの論文は、ブラックホールの話を進展させる上で大きな影響があった。その論文は、カルテックの理論物理学者リチャード・トールマンの机上にも届いた。一般相対論の世界的専門家であった彼は、中性子星のアイデアを熱心に擁護した。トールマンは、中性子星を解かなければならない問題と見ていた。同僚のＪ・ロバート・オッペンハイマーに対し、アインシュタインの時空方程式を恒星の崩壊に応用してみてはどうかと強く勧めた[12]。オッペンハイマーは、中性子でできた物質が高密度に集中したランダウのモデルをすでに知っており、関心も持っていた[13]。当時バークレーを訪れていたベーテに励まされたオッペンハイマーは、一九三八年の夏、ロバート・サーバーとともにランダウの論文を吟味することにした。太陽のような普通の恒星には、中性子の核はおそらくないということがすぐに判明した[14]。そうでなければ、見かけがまったく違うものになってしまうはずだった。たとえば、太陽の場合、中心部が超高密度になるほど強大な重力を持っているとすると、太陽の大きさははるかに小さいはずである。

恒星のパワーを説明しようとすると、ランダウの中心的アイデアはうまくいかなかった。それでもオッペンハイマーは、恒星の高密度な核という説明にヒントを得ていた。恒星がいかにして輝いているのかを解明できなくても（ベーテはそれに取り組んでいた）、ランダウの考えた中性子の核[15]が、恒星の〝最期〟に関係するのかどうか、オッペンハイマーは疑問に思い始めた。結局、ツヴィッキーは正しかったのだろうか？

優秀な物理学者ならそうであるように、オッペンハイマーは問題を本質的なものへと単純化した。恒星が大爆発する件は無視した。オッペンハイマーにとって、あまり感心しない物理学者であるツヴィッキーのような連中はスタンドプレーのような目立つことを行なうものだが、オッペンハイマーは中性子星にだけ集中した。中性子星の物理はどんなものなのだろう？　チャンドラセカールの発見によれば、白色矮星になるには、その恒星がある限界となる質量以内に収まっていることが必要だ。中性子星にも同様な質量限界があるのだろうか？　オッペンハイマーはしばらくの間、こうした恒星の問題解明に集中して取り組んできたが、彼の育った家庭環境からは想像もつかない理論物理学の分野で大きな業績を達成するに至った。

＊

オッペンハイマーはニューヨーク市の高級住宅地「アッパーウエストサイド」で何不自由なく育った。父親は織物商をして財産を築いた。子供の頃、オッペンハイマーは、制服を着た運転手付きのリムジンで私立学校への送り迎えをしてもらっていた[16]。孤独な子供（八歳のときに弟ができた）であったロバートは、とりわけ岩や鉱物が好きだった。マンハッタンのアパートには、岩石鉱物の標本があふれていた[17]。

ハーバード大学の学部生となった彼は、最初化学に関心を持っていたが、実験室での作業には向かないと悟った。そしてまもなく、もっと理論的な分野、とくに物理学に惹かれるようになった。一九二〇年代、量子力学は革命的な物理学となっていた。オッペンハイマーはその流行に乗り遅れたくなかった。ヨーロッパで大学院生としての研究ができるよう準備をした。最初はイギリスのケンブリッジ大学、次いでドイツのゲッチンゲン大学。こうして、ポール・ディラック、ニールス・ボーア、そしてマックス・ボルンなど、物理学界のスターたちと面識を持つことができた。

オッペンハイマーは、量子力学ブームの最初のうねりには乗り遅れたが、第二波では大きな役割を果たし、やがてはノーベル賞にも結びつく研究になった。それは特殊相対論と量子力学を結びつけるもので、ディラックの「反物質」存在の予言はこうした研究から生まれたものだった。

博士号を取得後、オッペンハイマーはアメリカに帰国した。国内では、企業も政府も大学の科学プログラムの後押しをしていたときだった。ヨーロッパの金色に輝く成績証明書を持つオッペンハイマーはまさに前途有望な青年だった。一九二九年には、カリフォルニア工科大学とカリフォルニア大学バークレー校とに共有される職位を得た。一九三〇年代を通じ、そして一九四〇年代の初頭にかけて彼が最終的にウエスト・コーストに確立したのは、理論物理で世界最高の一つとなる大学だった。それぞれのキャンパスから才能あふれた学生を集めた。学生たちとともに彼は、バークレーでエルンスト・ローレンスのサイクロトロンで見つかった新たな粒子や作用をテーマとして取り上げ、カルテックの教授たちによって明らかにされた天文学や天体物理学上の発見を扱ったりした。「この大学を成功させているのは、オッペンハイマー自身であった。物理学の卓越した才能を持つとか、教え方がうまいとか、管理の手腕に長けているということではなく、ヨーロッパ仕込みのユニークな課題選びの能力である。チームにとって最も有望な研究課題を選び出し、研究の最先端に向かわせていく能力である[18]」と科学史研究家のデイヴィッド・キャシディは解説している。

J. ロバート・オッペンハイマー（Los Alamos Scientific Laboratory, courtesy of American Institute of Physics Emilio Segrè Visual Archives）

　バークレー校でオッペンハイマーを知る者はいう。学生は、とくに背丈の高さ、印象的な青い目、財産、そして科学以外の絵画やサンスクリット、ギリシャ語原典でプラトンの著作を読むなどの、広範な関心を考えたとき、彼を「神のような存在[19]」と見ていたと。彼はカリスマ的人物であり、学生と手柄を共有する気前の良さを持ち合わせていた。しかし、魔物と不安にとりつかれている男でもあった。

　オッペンハイマーは刺激的な人物でも、理

論的発明家でも、あるいはヴェルナー・ハイゼンベルクのような現代物理学の新境地を開拓するような人物でもなかった。オッペンハイマーには、不確定性原理のような業績はない。彼は、マックス・ボルンとともに、ボルン‐オッペンハイマー近似というものを創り出した[20]。それは、分子の量子論的振る舞いを計算するのに使われたものだった。しかし、オッペンハイマーは、進行中の原子物理実験（脚光を浴びるような重要な研究ではない）をうまく説明するような計算にもっぱら取り組んでいた。今日まで、彼の理論分野の論文の多くが、いまとなっては時代遅れかほとんど忘れ去られてしまっている。今日まで、最も引用された科学論文の多くを生み出したのは、一九三〇年代の終わりにオッペンハイマーが天体物理学の世界へ束の間の迂回をしたときだった。彼と学生たちが行なったのは、シュヴァルツシルトの特異点を現実世界に持ち込んでくることだった。

原子と原子核の物理理論の研究を行なっていて、宇宙分野に惹かれていったのは、別に驚くことではない。先に記したように、一九三〇年代は、太陽や恒星がどのようにして何十億年もの間パワーを維持できるのかを解明しようと、物理学者たちがもがいている時代だった。そして、エネルギー源は、原子が融合することでエネルギーが放たれる核反応であることはすでに明らかであった。何人かの物理学者がその一〇年前からそうした可能性を指摘していた。問題は正確な過程である。太陽内部で原子が融合するメカニズムで、理論家たちが多くの困難に出くわしていたため、ランダウはまったく異なるプロセスを提案した[21]。ランダウは、エディントンのような一流の天体物理学者による物理学は不合理であると確信していたのだ。

何年にもわたり、オッペンハイマーは天体物理学の分野に注意を向けていた。ついには、アメリカ物理学会とアメリカ科学振興協会の一九三八年合同総会で、原子核変換における天体物理学の重要性に関するシンポジウムの準備にも加わった[22]。しかし、まさにそのとき、コーネル大学のハンス・ベーテが、恒星内部の核融合により水素がヘリウムに変換され、それが核エネルギーを発生させるという歴史的論文を仕上げていた。これが一九六七年のノーベル賞受賞につながったのである。

これだと思ったオッペンハイマーは自分の注意を、恒星の生涯のもう一端であるその死に転じた。そのときまでには、フリッツ・ツヴィッキーが、恒星が爆発し崩壊する核の中で陽子と電子が合体し、あとには中性子でできた高密度なボールが残ると予測していた。時を同じくして、ランダウは、恒星が「中性子の核」を持つことについて語っていた。チャンドラは、特殊相対論を使って白色矮星の限界質量を導こうとした。しかし、中性子星についての解を得るには一般相対論が必要だった。中性子星の高密度・強力な重力場を扱うには、ニュートンの重力理論はもはや適切ではなかった。このため、オッペンハイマーは大学院生のジョージ・ヴォルコフと協力して(ときにトールマンの助言も得て[23])取り組むこととなった。二人は、中性子の核ができるとき、一般相対論でどのような扱いになるのかを徹底的に調べた。まだコンピューターが使える前の時代である。ヴォルコフが人間コンピューターとなって、複雑で骨の折れる計算を実行した[24]。最終的に彼らは中性子星が間違いなく宇宙に存在することを証明した。ツヴィッキーは正しかった。しかし、こうしたことをオッペンハイマーの書いたものからは知ることができない。一九三九年の『フィジカル・レヴュー』に掲載された彼の論文はヴォルコフとの共著で、タイトルには中性子星の文字はなく、「中性子核」というランダウが好んで使っていた呼び名が使われていた[1]。また、オッペンハイマーは、ツヴィッキーによる研究を何ら参照していなかったのも事実である。八ページの論文を通じて参照されていたのは[25]、たいていランダウの研究であった。

ツヴィッキーは彼らの研究を耳にし、一言も触れられなかったことに激怒した。この厄介な物理学者は、自分こそが世界的な専門家であると考えていた。すでに彼は、パロマー山天文台にある特別に広い視野を持つ望遠鏡を使って、超新星を探す系統的な掃天観測を行なっていた。超新星は中性子星が生まれる場所であると考えてのことだった。ツヴィッキーは同じ年、同じ専門誌上で「極度に崩壊した恒星の理論と観測について」という無味乾燥な論文でオッペンハイマーに反撃した。そこでは、オッペンハイマーとヴォルコフのパイオニア的論文がいっさい参照されていなかった。オッペンハイマーに対するツヴィッキーのしっぺ返しだった。ツヴィッキーの論文は今日ほとんど忘れ去られている。彼は自信家であり、すさまじい恒星の爆発から現われる中性子星が撮影できると考えたのは彼の想像力によるものだった。だが、カルテックの理論家キップ・ソーン（ブラックホールという奇妙な天体についての物理を初めてマスターしていた）が彼の著書『ブラックホールと時間の歪み』の中で言及しているのは、オッペンハイマーとその聡明な学生ヴォルコフであった。ソーンは、彼らの論文を「洞察に富んだエレガントな力作。あらゆる細部まで正確だ[26]」と評している。

しかも、このパイオニア的論文は刺激的な結論で終わっていた。ヴォルコフとオッペンハイマーは、中性子星の終端点を見つけていたのだ。ある質量を超えると、中性子でできた核は縮小し続け、際限なく縮小していく。ちょうどチャンドラセカールが白色矮星に質量の上限を発見したように、ヴォルコフとオッペンハイマーも中性子星について同様な制限を明らかにしたのだ。その質量限界を超えると恒星はどうなってしまうのだろう？「何が起こるのかという問題は未解決である[27]」と彼らは解答している。だが、パニックになるような者はまだいなかった。この問題の探究を始めるスタート点にいたのだ。それほどまでに圧縮された物質の物理は、まだ完全には理解されていなかった[28]。もしかすると、新たな反発力が究極の崩壊を防いでくれるかもしれなかったのだ。

その答えを見つけるため、オッペンハイマーはさらにもう一人の大学院生の協力を得ることにした。ハートランド・スナイダーは超一流の数学者として評判で、一般相対論も難なく扱えた。この二人の組み合わせはユニークだった。スナイダーは労働者階級出身であった。そして、「オッピー（オッペンハイマーの愛称）」は非常に教養ある人で、文学、美術、サンスクリット語にも通じていた。だが、ハートランドは怠惰な人物のようにパーティ好き。そこで歌っていたのは校歌や酒宴の歌。オッピーの学生の中でハートランドは一番〝浮いた〟独立した存在だった[29]」とカルテックの物理学者ウィリアム・ファウラーはかつてを思い出す。オッペンハイマーはスナイダーに、限界を過ぎ崩壊する中性子星に何が起こるのか調べてみようと誘った。その結果は（オッペンハイマーが後日同僚に語った言葉だが）「非常に奇妙[30]」だった。

オッペンハイマーとスナイダーは、燃料を使い尽くした恒星から研究をスタートした。卓上計算機での計算を簡単にするため、ある種の圧力と恒星の自転は無視した。それを行なわないと、計算で解を得ること自体が不可能になるのだった。

核反応が起こらなくなって、恒星は重力による自分の重さを支えることができなくなり、崩壊が始まり恒星の収縮が進んでいく。オッペンハイマーとスナイダーは、恒星の核がある質量（現在、この質量は太陽質量のおよそ二〜三倍と考えられている。太陽質量の二五倍以上の大質量星の核に見られるものである）より重い場合には、恒星の残骸が白色矮星（我々の太陽の将来像）にもならなければ、中性子のボールにもならないことを見出した。いったん物質が一立方センチ当たり一八〇〇億キログラムを超える密度にまで圧縮されると、中性子はもはや崩壊を止めるブレーキにはならなくなるからであった。今回は中性子であるが、縮退圧ではもうだめ、ということである。オッペンハイマーとスナイダーは、恒星がどこまでもどこまでも無制限に収縮し続けることを計算で示した。重力が優勢となり、途中で止まることはなかった。そのような崩壊する恒星内部の物質は、永久に自由落下状態にある。

ドアが取消し不可として閉じられる前、最後に逃れ出た光は、猛烈な重力によって波長が可視光から赤外、電波へと引きのばされ、光線は見えなくなり、恒星は視界から消える。崩壊した恒星の周囲の時空は大きくゆがみ、文字通り、恒星は自分自身をその他の宇宙から分離させてしまう。「重力場だけが存続する[31]」とバークレー校の物理学者〔オッペンハイマーとスナイダー〕は報じた。

彼らは、恒星が一点に崩壊していくことを突き止めた。その点は、密度は無限大で体積は無となる特異点と呼ばれるものであった（特異点は現実には不可能に思われた）。彼らの方程式は特異点を示していたのだが、直接そのことを語るのはさすがに躊躇した。特異点というのは、物理学者にとって恐怖の対象だったのだ。それは、そうした極端な条件のもとでは、理論のどこかに間違いがあり、数学が物理をきちんと表現できなくなるような領域に入ってしまったという暗示であった。あたかもある数字をゼロで割ろうとするようなまずい状況である。八や二九や一〇三の中に、ゼロはいったいいくつ含まれるのか。もちろん明確な答えは出ない。いくらゼロを持ってきても二九にはならない。どこにも導かれないような数学上の操作である。無限個のゼロ、それも満足な答えにはならない。ある物理学の方程式の特異点では、パラメーターが無限に発散し、同様な決裂状態になる。この窮地にオッペンハイマーとスナイダーは、もう行くしかないと思った。報告したことは十分異様な内容であった。ヴェルナー・イズラエルは、この論文を「発表された中で、最も大胆で、かつ奇怪な予測をしており、今日でも修正の必要がないほど[32]」と言っている。

オッペンハイマーとスナイダーは論文のタイトルの中で、この現象を「継続する重力収縮」と呼び、ブラックホールの現代的な説明を初めて確立した。しかし、それに気づく者はほとんどいなかった。その理由の一部は不運な状況にあった。オッペンハイマーとスナイダーは、その論文を『フィジカル・レヴュー』誌の一九三九年九月一日号に発表した。その日はちょうどヒトラーがポーランド侵攻を命じた日で、第二次世界大戦の火ぶたが切って落とされることになるのだった。そんな状況で、彼らの論文がほとんど注目されなかったのも当然だった。それ以上に、同じ誌上にニールス・ボーアとジョン・ホイーラーによる核融合に関する将来性のある論文も出ていた影響があった。当時の物理学者の心情としては、こちらのほうが緊急性の高い問題だったのだ。崩壊する恒星というのは比較的重要でないと見られていた。しかも、その論文はオッペンハイマーが崩壊する恒星について書いた最後の論文であった。深淵に崩壊していく物質を追跡する物理には、何が必要なのだろうか？

オッペンハイマーは〔崩壊する恒星については〕たった三編の論文しか書いておらず、職業上では、彼の科学者人生で一時的な回り道だったのだ。その後、彼は原子核と宇宙線の物理に戻り、一九四二年には国家の「マンハッタン計画」[2]にかかわるようになる。これは世界初の原子爆弾を製造する計画だった。彼の学生には卒業後、大学の教員になる者もいたが、崩壊する恒星の研究に戻る者はいなかった。天文学者のほとんどは、崩壊する恒星に少しでも関心があるにせよ、大質量星は長い年月の間にその質量のほとんどを失うと見ていた。そして白色矮星として最期を迎えるものだと考えていた。フリッツ・ツヴィッキーだけは、関連するいくつかの論文を発表し、中性子星に関する主張をし続けたが、やはり注目する者はいなかった。

天文学者が言うように、恒星風が恒星のかなりの物質を宇宙空間に運び出してしまうのかもしれなかった。あるいは爆発によって、恒星の質量を太陽程度以下に保っているのかもしれなかった。これは不合理な仮定というわけでもなかった。ウォルフ‐ライエ星がちょうどそのような天体であることがわかってきていたからだ。こうした進化を辿る質量の大きな恒星というのは、毎年かなりの質量を恒星風として放出する。その量は太陽が太陽風で放つ物質の一〇億倍にもなる。

たとえ空のどこかで天体が重力崩壊したとしても、本質的に観測することができない。当時の望遠鏡では、中性子星やブラックホールの存在を確認することができなかった。当時の天文学者は観測できなかったわけであるが、可視光を超えた電磁波をとらえるためには、天体を観測する新たな技術や道具の開発が必要だった。

一般相対論研究者については何か動きはあったのだろうか？　一般相対論から生まれた、この新たな驚くべき発見に何も反応しなかったのだろうか？　事実、彼らは注目することさえなかった。当時の相対論の専門家らが興味を示していたのは、天体物理学への応用ではなく、むしろ曲がった時空の解明だった。一般相対論は当時、理論物理の玩具と言っていい存在で、天体とは無関係に探究を楽しむことが目的となっていた（例外は、おそらく、太陽のそばを通過する恒星からの光が曲がる現象だっただろう）。当時の一般相対論は主に数学として教えられ、物理学ではなかった。現実への応用ではなく厳密な証明に関心が集まった。

重力崩壊をさらに研究する者は西側世界では現われなかったものの、ソ連のランダウは強い印象を受けた。オッペンハイマーとスナイダーの論文を自分の「ゴールデンリスト[33]」に加えた。それは、確認する価値ありと彼が判断した重要論文リストだった。

その後かなり年月が過ぎてからだが、物理学者のフリーマン・ダイソンはオッペンハイマーに、ブラックホールについての彼の研究について話をしようとしたことがある。ところが、原子爆弾の父はなにも語らなかった。オッペンハイマーは単にアインシュタインの法則を、崩壊する恒星に応用しただけで、何か新しい物理の法則を見出したわけではないと考えていたからだ。ダイソンは、オッペンハイマーが自分の業績を「大学院生レベル」[34]の価値しかないと思い込んでいたのだろうと推測した。彼は自分の業績を理論的勝利とは見ていなかった。しかし、ダイソンは決してそうは思わなかった。ダイソンは、継続する重力崩壊についてのオッペンハイマーの論文を、彼の「科学への最も重要な貢献であり、アインシュタインの基本方程式を使い、驚くべき予期せぬ結果を現実の天文学世界にもたらした科学論文の大作である」[35]と説明している。

一九三〇年代も終わろうとする頃になってもまだ天文学者のほとんどは、そのような奇妙な天体が現実に生まれるとは信じていなかった。アインシュタインですら、一九三九年にオッペンハイマーとスナイダーの論文が発表された一ヵ月後に、そうした天体ができることはないという証明を試みた論文を発表したほどだった。[36]アインシュタインの計算は、カリフォルニアの理論家たち「オッペンハイマーとスナイダー」と同じ解に達したはずだが、アインシュタインは、恒星がけっして崩壊しないよう、非現実的なやり方で計算モデルに不正な細工をしたのだった。[37]「確かではないが、仮定には、物理的に不可能な要素を入れた」[38]とアインシュタインは書いている。オーケー、君は論文で数学的に特異点が作れると言っているが、物質はおそらく崩壊をさけるように振る舞うはずだ。そのようにアインシュタインは言っていた。アインシュタインは、「球状星団のように、恒星質量を無数の重力源となる粒子の集まりと見なして」[39]証明しようとした。粒子に働く遠心力が特異点への崩壊を妨げるという策略だった。それは単なる幻想だった。最新の科学文献に追いついていないのはいばれることではないが、アインシュタインはオッペンハイマーとスナイダーの論文をまだ読んでいなかった。

歴史家の中には、アインシュタインが一九三九年に行なった特異点の反証は、「疑わしい特徴を持つ彼の最悪論文の有力候補[40]」とする者もいる。というのも、オッペンハイマーらは大正解であったからだ。いったん、崩壊する恒星が十分に小さくなると、回転運動の遠心力やガスの圧力であろうと、重力にストップをかけるものは宇宙に存在しない。ブラックホールになるのみとなる。重力が最強のトランプカードとなり、恒星の内部のいかなる力をも圧倒する。なぜアインシュタインは、このシンプルな物理的事実がわからなかったのか？　それは、とカルテックの一般相対論研究者キップ・ソーンは言う。アインシュタインは「かたくなに信じていたのだ。同僚のほぼすべてがそうだったように（「うさんくさい誤り[41]」とか「ぶさまな誤り」などと彼らは言っていた）、真実に対する理解しがたい心理的な障壁があったのだと。一九二〇年代や三〇年代には、ほぼ誰もが考えていたことだった」と彼は言う。おおかたの物理学者は、心の奥底では、ブラックホール生成を禁じる物理法則を解明したいと思っていた。ビクトリア時代に訓練を受けたこうした科学者にとって、自然界の予期せぬ何かを受け入れるには、手ごわい心理的障壁を乗り越えなければならなかった。

「ブラックホールと大陸移動の科学史には興味深い共通点がある[42]」と、ヴェルナー・イズラエルは指摘する。「双方の証拠はともに、一九一六年当時すでに無視されていたし、理不尽とも言えるような抵抗にあって半世紀も研究が停滞させられていた」。イズラエルはそれぞれの概念への脅威のもとは、我々が抱く物質の永続性や安定性の信念にあるという。チェスのコマのように、大陸全体が地球を移動する？　恒星が時空から消えてしまう？　確かにたわごとに違いない！

今日、アインシュタインの相対論的宇宙は大いに関心を集めているが、いまでもむずかしいのは、その考え方の真価を理解できるかどうかである。しかしながら、一般相対論の優勢が明らかになる時代で、数学的美しさを鑑賞されようとも、おおかたからは無視され、こうした軽蔑的な態度が起こっていたのである。理論家たちは、アインシュタインの方程式（崇高と言ってもいい数学的彫像である）に敬意を持った。[43] しかし、彼らはそれを使って何かをしていたわけではない。状況はとくに、ナチスが力を持つようになるとドイツで顕著になった。「ユダヤ人の物理学」[44] に反対するキャンペーンの一環として、第三帝国では公に相対論を教えることは禁止された。しかし、政治はともかく、世界中の大学で一般相対論の講義が行なわれていた。[45] 物理としてではなく数学として――。当時のほとんどの理論家は、物質とエネルギーの新たなそして革命的な考え方として、どちらかと言えば量子論に関心を向けていた。理論物理学の綿密に組み立てられた世界を除けば、アインシュタインの重力理論は、意外にもあまり評判がよくなかった。「物理学の他分野の専門家からは軽蔑され、ときには毛嫌いすらされた[46]」と物理学者で歴史家であるジャン・アイゼンスタットは言っている。「普通の物理学者には理解するのがむずかしい概念をいくつも扱わなければならない[47]」からだ。それも不評の原因になっていたのである。時空を考えるには、日常経験と決別するような覚悟が必要だった。「おそらく脳の処理プロセスの調整も必要になっただろう[48]」とアイゼンスタットは書いている。

さらに、一般相対論の発表後まもなく、それを本当に理解できるのは世界に一握りの人間だけだという神話が生まれた。アーサー・エディントン自身、王立学会の席上でそのように言われるのが好きだった。「エディントン教授、あなたは一般相対論を理解している世界で三人のうちのお一人に違いない[49]」。エディントンが返事にためらっていると質問者は続けて「遠慮なさらないでください」と言った。それに対しエディントンは答える。「いやそうではなくて、三番目は誰なのかと思っているところでした」。

こうした一般相対論の難解さを誇張した印象が人々を一般相対論から遠ざけ、研究の停滞の一因となったと考える者もいる。一般相対論は廃れる一方だった。一九一九年の一般相対論の実証が示されたあと、一九二〇年代初めの疾風のような論文発表の数々があったものの、関心は急落していった。その後の約三〇年間、物理系学術誌の相対論を扱った記事は一パーセントにも満たなかった。[50] かつてある会議では、一般相対論研究者数を数えるには片方の手の指だけで足りるとさえ言われた。オッペンハイマーの驚くべき新たな貢献も、その分野の衰退にほとんど変化を与えることがなかったのだ。[51] オッペンハイマー自身、ニュージャージー州のプリンストン高等研究所の所長になったあと、一九四七年に、所内の将来有望な物理学者に対して、一般相対論を研究するのはやめたほうがいいとアドバイスしているほどだった。[52] 一般相対論は行き詰まっていると思われていたのだ。アインシュタインは当時、衰退期にあり、オッペンハイマーからは廊下でホールを渡ったところのオフィスで仕事をしていた。

最終的に、物理学者は世界に関連づけられた理論を求める。波のように振る舞う粒子とか、粒子のように振る舞う波動などのせいで、量子力学を奇妙だと論じることがあるかもしれない。量子力学は快く受け入れるのに、一般相対論はなぜ冷たくあしらうのか？ 一番の理由は、量子論の研究者らは、実験物理学者と相まって仕事を進めてきたからだ。極めて微細なスケールでの物質の振る舞いや性質についての予測が（奇妙であったにせよ）膨大なデータに支えられている。たとえば、一九二〇年代、ポール・ディラックは反物質の存在を予測した。そして、一九三二年、信じられないかもしれないが宇宙線の泡箱のなかに、この新しい種類の粒子が存在する証拠が見つかったのだ。一方、一般相対論は、水星軌道の近日点移動と太陽のそばを通過する光の屈折くらいしか裏づけるものがなかった。著名な物理学者のリチャード・ファインマンはまさにその理由から一般相対論が好きではなかった。「この分野では、実験をしていないと有効とは見なされないから、最も優秀な研究者で相対論の研究を行なう者はほとんどいない[53]……」と重力に関する世界会議に出席した際に、妻への手紙で書いている。「善人はどこかよそに」。

短期間だったが将来性のある怒涛のような研究が、バークレー校のオッペンハイマーのグループから現われたのち、恒星全体が重力で崩壊するというテーマは、研究の優先順位が下げられたというより、押し入れにしまいこまれてしまった状態だった。第二次世界大戦は、そのプロセスを加速した。多くの物理学者が当時もっと活気づいていた問題に流れていった。たとえば、レーダー、核物理学、軍事技術などである。アインシュタインと協力して研究を行なっていたレオポルト・インフェルトは「この分野で研究していた我々は、他の物理学者に懐疑的な目で見られていた。アインシュタイン自身、しばしば私に〝プリンストンでは、私は年老いた愚か者扱いだ〟と感想を述べていた。そして、こうした状況はアインシュタインの死去までほとんど変わらなかった[54]」と語った。

第７章

物理学者になって最高でした

ホイーラー、ゼルドヴィッチ、ペンローズ

数十年の静穏期を過ぎ、一九五〇年代中頃、一般相対論に関する関心やその応用がようやく勢いを取りもどしてきた。まさに好機だった。一般相対論分野は、消滅しかけていたのだ。オランダ出身のアメリカの物理学者サミュエル・ハウトスミットは、電子のスピンの発見者の一人であり、『フィジカル・レヴュー』誌の当時の編集長でもあったが、一般相対論関係の論文は今後受理しない[1]という方針を示そうとしていた。ところが、一般相対論のルネサンスがソ連、ヨーロッパ、そしてアメリカで開花し始めていたのである。これにはいくつかの理由があった。まず、宇宙開発競争と冷戦が始まり、多くの予算が投じられていった。とくにアメリカでは顕著だった。戦争経験から、アメリカの軍事部門は、あらゆる分野の基礎研究を支援することが極めて重要であると学んでいた。一九五五年が特殊相対論誕生五〇周年で、世界的な祝賀ムードとなり、多くの物理学者が重力の研究が不当に無視されてきたことを認めるようになった。かろうじて、恐慌や戦争を経て、物理学誌に生き残っていた論文は、次第に重要性を認められるようになっていった。「数年と経たないうちに、重力崩壊の理解は進み、初期の不完全なものから高度な学問へと変わっていった[2]」と理論家のヴェルナー・イズラエルは言っている。

重力の復権の理由のうち、もっと異例なものには、アメリカのある変わった投資家の存在があった。マサチューセッツ州グロスターに一八七五年に生まれたロジャー・バブソンは、マサチューセッツ工科大学（ＭＩＴ）の工学部を卒業したが、一九二〇年代の好景気時代に株式市場に誘い込まれ、自分が設立した証券会社で統計のスキルを応用した。当時としては、ウォールストリートでそうした数学手法を用いるのはかなり斬新だった。しかし、そのＭＩＴ卒業生は物理的思考態度が身についていた。「バブソンは、運動に関するニュートンの三法則に魅せられており、仕事上の傾向分析に直接応用したいと思っていた。最も重要なのはニュートンの第三法則だった[3]」と科学史家のデイヴィッド・カイザーは書いている。この法則によれば、あらゆる作用には、大きさが同じで正反対の方向を向くという反作用が存在する。バブソンには、これは高値の株はかならずいずれは急落することを意味していた。一九二九年に市場は大暴落を迎えたが、その直前にバブソンは顧客に対し、まもなく暴落が起きるので、安全な市場へと投資資産を移すよう予測を伝達した。これにより彼は「大恐慌を通じて、アメリカ最大の富裕市民の一人になった[4]」とカイザーは述べている。

経済的破滅からニュートンは自分を救ってくれたと確信したバブソンとその妻は、ニュートン自身の所有していた本も含め、ニュートンによるオリジナルな出版物の膨大なコレクションを始めた。二人は、ニュートンがいたロンドンの家の居間全体（壁も含め）を購入して、ボストン郊外にあるバブソン・カレッジに彼が設立した施設の中の特別な部屋に設置した。それは今も現存している。

ニュートンに関するあらゆる事物に熱心に取り組んだバブソンは、やがて一九四八年に重力研究財団を設立することになる。物理学者は重力についてもっと注目すべきであると考えるようになり、財団は重力に関する会議に気前よく助成金を支給したり、重力について書かれた論文の年間コンテストを行ない、優秀作品に賞金を出したりした。彼による援助が重力の研究を促進したことは間違いないが、バブソンの真の目的は重力の征服にあった。彼は、引力を打ち消す作用としての「反重力」の開発に役立つことを夢見ていた。若いとき、姉が溺死するという事故があって以来、彼は反重力にとりつかれていた。重力こそが姉を水の底に引きずり込んだのだと——[5]。特殊な物質やシールドによって磁気が遮断されるように、重力を打ち消す物質があるはずだと彼は考えた。タフツ大学物理学科がバブソン財団から一九六一年に相当な金額の助成金を受け取り、これを記念して大きな石碑が建てられ

重力研究財団により1961年にタフツ大学キャンパスに置かれた石（Daderot, courtesy of Wikimedia Commons）

た。そこには次のような銘文が刻まれている。「無料の動力源として、また、航空機事故減少に資するよう重力が利用できる、そうした半絶縁体が発明されたあかつきに、祝福すべき学生を記念するために」[6]（同じような石の記念碑[7]が全部で一二個ほど、ニューイングランド、南部、そして中西部にある他の大学にもバブソンによって寄贈された）。「時として、僚友たちが結束して、夜間約九〇〇キログラムの記念碑を別の場所へ動かす、という言い伝えが（タフツに）ある[8]。反重力の小さな妖精たちのように」とカイザーは言っている。

財団のエッセイ賞は、初め反重力に焦点を合わせていたことから、当初は冗談かと受け取られて、かえって重力の研究者に「狂人といかさま師[9]」のレッテルが貼られる事態も招いた。しかし、ブライス・ドウィットという名の若い相対論研究者が、家の頭金の必要に迫られ、重力反射器や重力絶縁物質を探すのは「時間の無駄[10]」という論文を厚かましくも提出したことから流れは変わった。ドウィットは、重力の研究について塾考された議論を展開し、受賞したのであった。結果として、コンテストには重力を研究する才能あふれた物理学者からの応募が集まり、相対論への広範な関心を集めた（コンテストはその後も続き、その時代の最も著名な理論家が受賞した。その中には、スティーヴン・ホーキングやロジャー・ペンローズなどがいる）。

一九五〇年代、財団の理事長は、もう一人の裕福な実業家、アグニュー・バンソン[11]に、ノースカロライナ大学に設立する重力研究のための新しい施設を支援してくれるよう説得した。同研究所には、一般相対論と量子力学を融合させようとしたパイオニアであるドウィットが所長に就任することになった。研究所は狂人の組織ではなく、まともであると物理学コミュニティーにアピールするため、研究所の物理学者は文献中に「いわゆる〝反重力研究〟とは、種類と目的を問わず無関係である[12]」旨を公然と宣言をした。一九五七年早々、設立から数ヵ月もしないうちに、新しい研究所は物理学における重力の役割に関する会議を開催した。この会議は、重力研究の再興を画す「ランドマーク[13]」であったと今日考えられている。

「会議を組織したり、毎年の論文コンテストのスポンサーとなるなど、重力に関心を持つ人々に広く金銭的、またやる気を起こさせる支援を行なってきたことで、風変わりな重力研究財団は、戦後の重力と一般相対論への関心を再興させるうえで刺激となり、少なくともある一定の信頼を得るようになったと言えよう[14]」とカイザーは述べている。

アメリカでは、このリバイバルの中心地はプリンストン大学であった。そこでは、物理学者のジョン・アーチボルト・ホイーラーが、オッペンハイマーが辞めたあと、崩壊する恒星の運命について取り組んでいた。目立たないところで懸命に研究していたのがホイーラーだった。一般相対論に関する論文を『フィジカル・レヴュー』誌に掲載しないというハウトスミットの編集方針を撤回させたのも彼であった。ホイーラーは研究生活のほとんどをプリンストンで過ごした。そこで指導をした学部生、大学院生の人数は一〇〇人近くで、記録的な数字となった[15]。その中には、リチャード・ファインマンもいた。若いころのホイーラーは、核物理学でパイオニア的な研究を行なったが、のちにほとんど独力で一般相対論を用いて科学に偉大な貢献をすることになる。数十年間、一般相対論の研究は停滞していたが、ついに宇宙に応用されるようになったのだ。

ホイーラーの専門的な指導のもとで一般相対論の研究は再興し、学生やポスドク〔博士号を取得したばかりの研究者〕たちを鼓舞し、宇宙の理解に役立つような独創的な研究を行なわせた。ホイーラーの言うように、彼は相対論以外何も知らない「片寄った男」[16]にはなりたくなかった。象牙の塔から理論を取り出し、現実世界の観測に結び付けようとした。学生には、二本の足で立てと〔理論と観測〕、相対論研究者という言葉を使う者に対し、ホイーラーは「そんなものはいない、彼らは物理学者だ[17]」と応じた。

ホイーラーが何年にもわたって一般相対論に関心を示したことの結果として、講義ノートのほか、多くの研究論文も書かれた。それらは、教え子の学生たちの協力も得て、相対論についての一連のノートとなった。彼はアメリカにおける一般相対論の長老になった。フリーマン・ダイソンは、二〇〇八年のホイーラーの死について「ホイーラー以前には誰もいなかったが、ブラックホールがアインシュタインの重力理論の単に奇妙な理論的帰結ではなく、実際に存在するはずのもの、宇宙の進化に重要な役割を果たすものだということを彼はわかっていた[18]」と述べている。

一九一一年にフロリダに生まれたホイーラーは、司書の父親がさまざまなポストに付くたびに郡内を移った[19]。子供の頃から数学の才能を発揮し、高校では微積分を独学した。機械や電子工学、爆薬にも興味を持っていた。ある日、ヴァーモントの農場へ家族で出かけていたとき、ダイナマイトの雷管で遊んでいたところ、危うく指を一本失いそうになったことがあった。

一九二七年、奨学金を得て一六歳でジョンズ・ホプキンズ大学への入学が認められると、彼は真っ先に工学を専攻することにした。私は「その世界に進むことを決心していた[20]」と彼は何年かのちに追想した。「〝物理学〟というのも〝詩を作る〟というのも同じだった」と。しかし、当時現われてきた量子力学、原子物理学、核物理学という新しい物理学の知的魅力はあまりに強く、抗しがたかった。「おおげさではなく、あの頃が人生の分岐点だった[21]」と彼は書いている。「堅実性、信頼性、安定性、永久不変についての古典的観念は捨て去らねばならなかった。それらは、不確定性や不連続性、波動と粒子の二面性といった量子的観念に置き換えられ、また、単に宇宙という舞台だけではなく、宇宙の役者としての時空という相対論的観念によって置き換えられ、さらに相対論で裏づけされた有限な年齢の膨張宇宙という天文学的観念によって置き換えられていった。物理学者になる以外にわくわくするような経験をすることは考えられなかった」。

ホイーラーは、学士の学位や修士の学位を得るため、休みもせず大学を大急ぎで終えた。「無着陸飛行だった[22]」と彼は言う。大学入学から博士課程まで六年で一挙に終了させ、博士論文は一九三三年に二一歳で書き上げた。ヘリウム原子による光の吸収・散乱に関する論文であった。ホイーラーは奨

ジョン・アーチボルト・ホイーラー（American Institute of Physics Emilio Segrè Visual Archives, Wheeler Collection）

学金を得て、「物理学のバチカン[23]」などと気安く呼ばれていたコペンハーゲンで過ごすことになった。そこで彼は、物理学界で活躍する著名人のほとんどと会う機会を得た。まるで門下生のようにデンマークの首都にあるニールス・ボーア研究所に旅行し、大家とともに核物理学の研究を行なった。

物理学界でのホイーラー最初の大貢献は、一九三九年にボーアと共著で出した原子核の液滴モデルの論文だった[24]。彼らは、ウラン二三五とプルトニウム二三九がともに連鎖反応に有利であることを予測していた。

こうした専門知識があったればこそ、マンハッタン計画[1]や水素爆弾の開発に係わったのも当然で、一般相対論がはじめて彼の人生で大切な存在になったのだった。彼は「ついに天職を得た[25]」と語った。

ホイーラーは、相対論が彼のもとにやってきた瞬間を覚えていた。一九五二年五月六日のことだ。プリンストン大学に彼は一九三八年から在籍していた。時刻は午後五時五五分。新しい研究用のノートを取り出したときだった。赤い革でふちどられた黒い装丁のノート。滑らかな青インクで、一ページ目に日時と頭に浮かんだ考えを記した（研究生活を通じて、彼は鉛筆ではなく万年筆を好んだ）。その三〇分ほど前[26]、ホイーラーは自分の日記をつけていたが、学部長から今後、相対論を教えることになる旨を伝えられていた。物理学部では相対論の授業は初めてだった。ノートブックには「相対論I」とラベルが貼られた。その後の何年にもわたりノートの続編が数多く作られた。「相対論を学びたいという単純な理由から、相対論を教えたかった[27]」とホイーラーはのちに説明している。戦後、核や素粒子物理が盛んになった。「素粒子物理は、パイ中間子や数知れぬ他の粒子からなる複雑な藪に向かっていくようだった。そして、一般相対論には、これまで発見された以上に良好な金鉱があるかもしれないと感じ始めた[28]」。ホイーラーにはそのように思えた。一つには、わずかなレベルでも空間が曲がっていれば[29]、それは彼が長らく研究してきた、素粒子を作る物質の成り立ちに関係するのではないかと考えていた。

それは斬新で、価値がある戦略だった。ホイーラーは相対論分野では新参者だが、理論が長年抱えている問題を新鮮な観点で見つめることができた。ある種の先入観はあったものの、過去に示された判断にはとらわれていなかった。オッペンハイマーと彼の学生らによる一九三九年の古典的論文に出くわし、特異点というものにひどく面食らった。それが本当に重たい恒星の運命なのだろうか？「解決法を探った[30]」とホイーラーは言う。「微小空間で新しい何かが起きていたら、総崩壊が避けられるのではないだろうか……。自然は特異点を忌み嫌うと確信していた」。特異点は彼にとってもいやな存在だった。彼のオッペンハイマーに対する慎重な態度が一定の役割を果たしたのかもしれない。

「オッペンハイマーはすぐれた才能を発揮させ、遠慮なしに見せびらかすことを楽しんでいたようだが、謙遜とか、神秘や謎めいたものは感じなかった。……私はいつも隙を見せないようにしなければならないと感じていた[31]」。

ホイーラーは、特異点を取り除こうと不屈の取り組みをしていたわけではない。この問題に取り組むには新しい物理学の出現が必要かもしれないと感じていた。原子のような微小スケールで重力がどのように振る舞うかを理解している者はまだ誰もいなかった。そうした領域の観測手段についても知られていなかったのだ。恒星の一生の最期に、恒星の核が小さく小さく収縮されていく。このことから何がわかるのか？　物質が単に消えるのか、もしかすると別の空間、別の時間に入るのか？　あるいは、いまの物理学ではまだわからないような微小な新たな状態に変化するのか？

ホイーラーは自分の核物理学の知識から陽子のことを考えていた。陽子の外部からは、陽子の電場はある一点から出ているように見える。しかし、実際には、陽子は有限な大きさを持つ。ことによると、恒星の全質量が極めて小さい大きさに崩壊していき、まだ知られていない物質の状態になるのではないか。あるいは、収縮していく恒星は、「燃え殻があまりに小さく、それ以上崩壊しなくなるまで[32]」猛烈な勢いで質量やエネルギーを放出していくとホイーラーは考えた。

何十年にもわたりよく知られた回避メカニズムであるが、恒星が一生の最期になると、大規模な花火ショーのような状態になり、かなりの質量を放出するため、完全な重力崩壊として特異点に崩落していくことにはならないという。しかし、一部の天体物理学者にはそれは「迷信でしかない[33]」という確信があった。それは、直面しているとんでもない問題を避けるやり方なのだと。

一般相対論を授業で教えることで、ホイーラーは敵をよく知ることになろうと思い、恒星の破滅的な最期を回避するうまい方法が見つかるのではと考えた。ホイーラーの期待には根拠があった。オッペンハイマーとスナイダーはできるだけ単純なケースを設定していた。彼らの計算では、恒星は自転しておらず、影響を及ぼすような圧力、すなわち衝撃波も考慮されていない。まるで現実にはない理想化された恒星なのである。もしも考慮されていなかった力を組み込んだら、特異点を回避できるのではないか？

ホイーラーは、特異点を回避できそうなあらゆる方法について考え、一つ一つを数学的に試みてみた。ある意味で、彼はオッペンハイマーによく似ていた。学生たちと共同で研究するのが好きだった。「同僚たちと自由に語り合い、やりとりの中では、解答よりも疑問の提示を重視。年下の同僚の研究には常に肯定的な前向きな意見を強調するようにし、手柄はみんなで分かち合う」[34]というボーアのもとで学んだ研究スタイルを採用した。彼は、〔研究成果が誰のものかという〕クレジットにはとても気前が良かった。自分が学生との共著論文の主要著者であるにもかかわらず、著者名は常にアルファベット順に並べられた。彼の名は〝W〟で始まるため、学生の名が科学論文で最も名誉ある筆頭著者になることが多かった。

ホイーラー自身は、彼と同じように学生たちにも大胆であれと望んだ。政治的見解では保守的であったが、振る舞いは常に紳士的であった。ホイーラーは、物理と関連している場合、深みにはまることを決して恐れなかった。いかに不確かであろうと、一定範囲のアイデアを試してみる。〔ボーアの有名な言葉[1]を引用して〕***Not Crazy Enough***[35]（〔真実と思えるほど〕まだクレージーではない）というタイトルの本を書こうと思ったこともあった。以前彼の学生だった人物、ロバート・フラーは、これほど広い心を持つがゆえにホイーラーを物理学者として別格に見ていると述べている。ホイーラーは、方程式に現われる特異点に魅力を感じると同時に、特異点を嫌うことができた。「彼はアイデアについても冗談好きで、反対の内容をよろこんで考えた[36]」とフラーは言う。「彼は、師であるニールス・ボーアからそうしたことを学んだ。ボーアはいつも〝深い真実の反対にもまた深い真実がある〟と繰り返し言っていた。ホイーラーはことあるごとにそれを引用していた」。ホイーラーは、逆の仮説についても考えるようにしていた。マックス・プランクが熱力学で噴出しつつあった破綻を救うため、一九〇〇年に「量子」を考案したときのように、ホイーラーは、シュヴァルツシルトの特異点が、基礎物理学に潜むもう一つの突破口を示しているのではないかと思った。

プリンストンのチームは、重力崩壊の研究を、オッペンハイマーらの研究を拡張、発展させる方向で取り組み始めた。同チームは明らかに有利だった。というのは、世界初のデジタルコンピューターの一台、MANIACが使えたからだ。MANIACとは、数学的解析(Mathematical Analyzer)、数値積分(Numerical Integrator)、そして(amd)、コンピューター(Computer)という英語の頭文字を取ったものだった。MANIACは近くにある〔プリンストン〕高等研究所にあったため、計算作業を楽にこなすことができた。グループ初期の成果の一つは、一九五八年にベルギーで開催された国際物理学会議で発表された。ホイーラーと学生のB・ケント・ハリスンと若野省己(わかのまさみ)は、崩壊する恒星が大量の光と物質を放出するため、最終的に白色矮星か中性子星に落ち着くことになると考えた[37]。オッペンハイマーのようにホイーラーは聴衆に語った。太陽の約二倍以上重い恒星では爆発が起き、質量が極端な密度にまで圧縮されると。だが、それで宇宙から切り離されるのだろうか? いや、そうではない、とホイーラーはしっかりと答えた。そのような不条理から自然を救うには、恒星の中心部にある素粒子が何らかの方法で放射、すなわち「電磁波、重力、あるいはニュートリノ、あるいはこれら三つの組み合わせに変換されればよい。原子核物質でできた巨大な塊が、高圧下のもとで自由ニュートリノとして分解していく映画がみごとな場面を再現した[38]」とチームは報告している。これにより、十分な質量が恒星から抜け出ることで恒星を安全にシャットダウンさせ、特異点ではなく、たぶん中性子星として終わらせることができる。ただし、このメカニズムを完全に説明できる理論がまだ見つかっていなかったし、まったくの間違いであることを証明する理論も見つかっていなかった。重力が、素粒子以下の空間、つまり量子レベルでどのように働くかもまだ大きな謎だった。その制約は、プリンストンチームが説明するように「素粒子物理と一般相対論の間にある未開拓のフロンティアに横たわっていた[39]」。

オッペンハイマーは聴衆の中で聴いていたが、ホイーラーの話の最後の方では席を立ち、丁重に同意をさけたのだった。新しい物理に依存することで、説得力が完璧になるだろうか? 「臨界質量以上の重さの恒星の運命について、最も単純な仮定がこんなことではないだろう。恒星は連続して重力収縮を受けていき、最終的に自らを宇宙から切り離してしまうのだ[40]」と彼は主張した。オッペンハイマーは、一九三九年の論文ですべて解決済みだと思った。しかし、ホイーラーの方はまだ確信が持てなかった。「〝重力的に切り離す〟というのが問題の満足すべき答えであるというのは信じがたかった[41]」と彼は応じた。エディントンのように、ホイーラーは理論的に宇宙という顔から特異点を拭い去りたかったのだ。

しかし、この問題をさらに研究していくと、ホイーラーと学生らはまもなく、大質量の恒星が彼らが考えていたような方法では崩壊から回避できないことがわかった。彼らの放射モデルがうまく機能しなかったのだ。ホイーラーは次の抜け穴になりそうなものを考えることにした。電磁力が使えるかもしれない。同じ電荷を持つ粒子間の反発力は、崩壊を止めるくらい強い可能性がある。ところが、再び計算してみると、重力崩壊はそのような電磁力を上回っていることが判明した。

一九六二年、キップ・ソーンがプリンストンに到着し、ホイーラーが進めている探究に加わった。ソーンはとりわけ、ホイーラーらと研究をするためにプリンストンに来たのだった。ホイーラーのオフィスに入るなり、論文テーマを探している新米の大学院生[42]に対してというより、敬愛する同僚に対するかのように自分を歓迎してくれたことをソーンははっきりと覚えている。ホイーラーの研究計画の筆頭にあったのは、重力崩壊の多くの未解決要素であった。彼らは徹底的に議論を重ねた。「私が現われて一時間もすると、改宗を余儀なくされた」とソーンは言った。

ソ連の理論家で最も有名なヤーコフ・ゼルドビッチは、すでにこの競争ゲームで先行していた。ホイーラーが参加するまで、西側の物理学者らは、重力崩壊に関する論文をおおかた無視していた。「西側世界では、オッペンハイマーやスナイダーの研究は忘れ去られたスキャンダルだった。あまりに大胆な推測として相手にされなかったのだ[43]」とヴェルナー・イズラエルは言う。しかし、ソ連では彼らの論文がかなり早くから受けとめられていた。ランダウの「ゴールデンリスト」にこれらの論文があったことから、ロシア人科学者にかなりの刺激を与えていたことがうかがえる。ランダウはまた、オッペンハイマーやスナイダーの研究成果を広く使われている共著のテキストの中に採用している。もし、恒星に十分なだけの大きな質量があれば、一九五一年のテキストが言うように「天体は無限に縮小してしまうに相違ない[44]」と。ソ連の物理学者は、ランダウの知性を疑うようなことはまったくなく、ランダウを非常に尊敬しており、連続して重力崩壊することを受け入れたのだった。

ホイーラーのように、ゼルドヴィッチには核物理学の専門知識があった。高校を出て、実験室助手として働く一方、すばらしい研究を行なっていた。化学と物理学のほとんどを独学し、大学の授業に出席していないにもかかわらず、二〇代前半に博士号を授与された[45]。そして、ソ連で最初の原子爆弾と水素爆弾を製造したチームの中心メンバーになった。事実、天体物理学の彼の知識がそうした爆弾製造に役立ったのである。気体力学についてはランダウの本で深く研究を行ない、彼やアンドレイ・サハロフなどのチームメートらは「恒星物理と核爆発物理は非常に共通している[46]」と認識するようになった。

東西の先駆者たちは、ソーンもそうであったように、自らの知的所産の上に個性が反映していた。「ホイーラーにはカリスマ性があったし、心を揺さぶる洞察力があった[47]」とソーンは言った。彼はときに、概略的なアイデアを提供することはあったが、学生たちが独立した研究者たらんことを大いに鼓舞した。必要なときには助言もした。研究に時間がかかる場合でもホイーラーは問題にしなかった。

ヤーコフ・ゼルドヴィッチ（American Institute of Physics Emilio Segrè Visual Archives, Physics Today Collection）

一方、「ゼルドヴィッチは頑張り屋で、緊密なチームのコーチであった[48]」とソーンは続けた。チームの誰もがアイデアを熱心に探究し、ゼルドヴィッチのまばゆい知性のペースに追い付こうとした。彼のグループでは誰もがクレジットを得た。ホイーラーもゼルドヴィッチも、独特のスタイルややり方を次世代に伝えた。彼らこそ、ブラックホールの研究を遂行し、その研究の黄金期を迎えることになる。

どちらの側にとっても、転換期は一九六〇年代半ばにやってきた。物理学者は恒星の最期に、核で起こる爆縮のシミュレーションについに成功した。物理学者に核兵器の設計を可能にさせたコンピューターと同じ数学上の技法が使われたのだ。ホイーラーが、そうしたシミュレーションの最新結果を知り、ある日あわてて相対論の教室に入ってきたことをソーンは思い出した。そのシミュレーションは、カリフォルニア州のリヴァモア国立研究所で、スターリング・コルゲートとリチャード・ホワイトの指導で行なわれたものだった。ホイーラーはしばしばリヴァモア研究所に行き、彼らの研究をチェックしていた。「恒星の質量が中性子星になる上限である太陽質量の二倍よりもかなり大きくなると、圧力や核反応、衝撃波、熱、そして放射などにかかわらず爆縮が生じ、ブラックホールが作られる。そして、そのブラックホールは、オッペンハイマーとスナイダーによって二五年近く前に計算された極めて理想化されたブラックホールとよく似たものであった[49]」とソーンは言った。もしも恒星の核が十分重いものであれば、それは無になってしまう。重力に歯止めがかからず、ブラックホールができてしまうのだ。

ソ連では、ゼルドヴィッチも、爆弾設計の技術が恒星崩壊のシミュレーションに応用できると見ていた。冷戦当事国双方ともこのことを知っていたわけだが、どちらも互いに自分たちの爆弾開発の議論を敢えて行なおうとはしなかった。「ゼルドヴィッチとはかなり議論もし、ワルシャワからモスクワまでのひととき、同じ寝台車ですごしたが、けっしてその問題の議論はしなかった[50]」とホイーラーは回顧する。「それでも、ゼルドヴィッチはある日、恒星の崩壊についての式を黒板に書いていた。

彼は私にウインクし、私もウインクを返した。彼と私は別の状況からことの次第を知るのだった」。こうした爆弾関連の計算は、ソ連でもアメリカとは別に行なわれており、西側と同じ答えに達し[51]、ブラックホールは避けられない存在であった。

証拠は手中にあった。ホイーラーは、完全に崩壊した恒星の特異性に関する初期の否定的見解を完全に撤回した。以前は何とかブラックホールを回避するよう努力していたが、いまや彼は偉大なブラックホール擁護者になっていた。しかし、最終的に彼を確信させたのは、単に理論上の検討やコンピューターシミュレーションではなかった。ブラックホールを探るための新しい方法が重要だった。はるか遠方から、崩壊する恒星を見るとしよう。恒星が完全に収縮してなくなるようすは決して見ることができない。（相対論で言う）「時間の遅れ」効果によって、事象の地平線という臨界状況の場に恒星表面が「凍りつく」ようすを見るだけである。なぜそうなるのか？　アインシュタインは一般相対論のもっとも研究初期において、重力場では時間の進みかたが遅くなることを指摘していた。恒星が崩壊していき密度が高くなっていくと、恒星の光子が脱出にかかる時間が次第に長くなっていく。そうした光子こそが、そこで何が起きているのか我々に知らせてくれるものなのだが、恒星が事象の地平線のサイズまで小さくなると、その先の進行を見るのに〝無限の〟時間がかかってしまう[2]。時間は事象の地平線で止まってしまうのである。映写される映画が次第にゆっくりになり、特定画面でちょうど止まってしまうようなものである。ソ連の科学者が、そのような崩壊天体を「凍結星」[52]と名づけた所以（ゆえん）である。

だが恒星が実際に事象の地平線で収縮を止めてしまうわけではない。（恒星から遠く離れた我々の基準系ではなく）恒星の基準系では、完全な忘却はあっという間に進む。もし、我々が恒星上にいるとしたら、崩壊とともに恒星の中心方向へ落下していく。事象の地平線をためらうこともなく突破する。異なる二つの基準系は、同じ空間と時間を共有していないため、異なる結果を示すことになる。「双方の観点で同時であるかどうかという判断がいかにむずかしいかについては、君にはわかるまい[53]」とロシアの物理学者エヴゲニー・リフシッツはキップ・ソーンに語った。

しかし一九五八年当時、デイヴィッド・フィンケルスタインは若く、ニュージャージー州のスティーヴンス工学研究所ではあまり知られていない物理学者だったが、異なる視点を同時に扱える新たな基準系を考案した[54]。これにより、遠方の我々からは崩壊する恒星が凍結星のように見え、ブラックホールの観点からは完全に爆縮していくようすを記述することが可能になった。プラズマ物理学者のマーティン・クルスカルは、実際、先に同じ結果にたどり着いていた[55]。彼は、一九五〇年代中頃、一般相対論を学ぼうとしていたプリンストンの同僚グループに加わっていた[56]。当時クルスカルは、フィンケルスタインがのちに示したものよりも広範な枠組みを考案しつつあった。ホイーラーがその研究に何ら関心を示さなかったため、クルスカルは一時その研究を棚上げした。ところが二年後、ホイーラーの無関心が大きな見落としにつながったことがわかると、ホイーラーはすぐにクルスカルと調整し[57]、(クルスカルも驚いたことに)クルスカルを著者として論文を書いた。これは一九六〇年に発表された[3]。

結局、理論家にとって、フィンケルスタインとクルスカルは、地球から見た場合と、事象の地平線上から見た場合の双方に現われる奇妙な相対論的効果をいっぺんに視覚化できるようにしたのだった[58]。ホイーラーのチームにとって、関連する物理がはるかに理解しやすくなった。そして、かつては解くのは不可能と思われていた相対論の問題について、行き詰まりを打開することとなった。「当時、重力の分野と言えば、ほとんどニュートンの理論がはばをきかせていた」[59]と歴史家のジャン・アイゼンスタットは説明する。「そして、クルスカルの解釈は、小さく平穏な相対論村に衝撃的な驚きをもたらした」。

プリンストンでホイーラーと研究していたチャールズ・ミスナーは、一九六二年には、学部生だったデイヴィッド・ベッケドルフを採用し、卒論用にこうした新しい数学手法を使ってオッペンハイマーやスナイダーが行なった研究を再検討させた。ミスナーによると、ベッケドルフは、爆縮する恒星の外の空間を初めて記述したという[60]。それは事象の地平線を越えてどのように物質が落下していくのかを示していた。「崩壊する恒星に追いつこうと、光速で飛行する宇宙船を送り込んだとしても無駄なことだった」[61]とミスナーは説明する。それには、光よりも速くなる必要があった。こうしたことはオッペンハイマーとスナイダーによる論文ではわからなかった。ベッケドルフの解は、ミスナーの指導の下に求められたものだが、ブラックホールのまったく新しい調べ方を導入した成果だった。

こうした重力崩壊について研究する物理学者や相対論学者が、恒星に関心を寄せるようになる以前から、恒星を作る物質に何が起こるのか、最終段階はどのような状態なのか、といった問題が指摘されてきた。「だが、それも終わった。あとに残るのはブラックホールだ。かねてから人々は恒星の運命に関心を寄せてきたが、我々はいまや、形成されるものが何かわかっている。そこに存在すれば、影響も出る。単なる恒星の墓場ではない」[62]とミスナーは言う。それはホイーラーにとっても転機となった。この新たな見方によって、彼や他の研究者が、たとえ質量が事象の地平線の向こうに隠されていても、ブラックホールを現実のものと認識するようになった。

「事象の地平線」という専門用語について言うと、当時コーネル大学にいた物理学者のウォルフガング・リンドラーが一九五六年に最初にこの言葉を用いた。彼は、この用語を宇宙モデルに応用していた。事象の地平線の片側では、事象は我々から見ることができるが、[63] もう一方の側では、「永久に観測不可能」であった。宇宙論においては、膨張する宇宙のなかにある天体は、見ることのできる宇宙の境界を過ぎ去っていく。宇宙が膨張しているため、はるか遠方からの光は決して我々に届かないことになる。これはまた、シュヴァルツシルトの「事象の地平線」の定義と一致する。一度物体が事象の地平線内に入ると、外から見ることが決してできなくなる。このことから、一九六〇年代初めには、天体物理学者は、「事象の地平線」という用語を重力崩壊した恒星の外縁について語るときに使用し始めた。

*

彼らの成功によって鼓舞されたソ連、アメリカ、イギリス、ヨーロッパ大陸の物理学者たちは、ブラックホールの特性についてもっと詳細に研究し始めた。彼らは、ブラックホールが持ち得そうな特性についてどれもこれも片っ端から調べていった。たとえば、事象の地平線が現れるときに、崩壊する恒星の磁場に何が起こるのか？　磁場は、崩壊する恒星から切り離され、ゴムバンドのようにぷっつり切れるのだ。事象の地平線の外から見ると、磁場がまったくないブラックホールだけがあとに残るようになる。

もしも、崩壊する恒星がゆがんだ場合にはどうなるのか？　自然界には完璧というものはない。恒星にいくぶんでっぱりやふくらみがあったら、崩壊は止まってしまうかもしれない。シミュレーションでは通常、完璧な球形の恒星を仮定するが、仮想天体は計算上の精度では一様に崩壊し、一つの点に向かっていくかもしれない。そしてひとまずは、特異点が発生せず、これは物理の救世主になるかのように見えた。一九六一年、二人のロシア人、エフゲニー・リフシッツとイサーク・ハラトニコフは、不規則性が違いを生むことを証明した。[64]でこぼこした恒星でスタートさせる彼らのシミュレーションでは、恒星の一部が他の場所より速く崩壊して、中心部でリバウンドしたため、特異点ができなかった。実際の宇宙では特異点は決してできないと結論したのだった。しかし、そうではなかった。数年としないうちに、彼らは計算の誤りを見つけ、正反対の結論に訂正した。スタート時点で恒星物質がどのようになっていてもかまわなかった。崩壊は止まらない。最終的にできる「ブラックホールの地平線」に何ら変化はなかった。

個々の〔計算〕事例から、相対論研究者は明白な結論を得た。重力崩壊以前の恒星がどのように見えようとも、すべての特徴は消え去り、あとに残るのは三種の情報だけとなる。恒星の質量、スピン、そして電荷（周囲の環境から反対で同じ量の電荷を取り込んだ場合は電荷ゼロとなる）。ジョン・ホイーラーは好んで「ブラックホールには毛がない」[65]と言った。外観上、ブラックホールを他のブラックホールから区別できるものがないのである。「事象の地平線の外からは、ブラックホールがニュートリノ、あるいは電子と陽子、もしくは古いグランドピアノを取り込んだかどうか判断するすべはない」。あるいは、黄色だったか、しわがあったか、水玉模様だったかということも――。ブラックホールは、ブラックホールでありブラックホールなのだ。恒星特有のあらゆる特性は不可解な事象の地平線の向こうに消え去る。重力崩壊した天体は、凍結した恒星と呼ぶような代物ではない。むしろ、質量、角運動量、そして電荷という特性だけを持つ純粋な重力場のシャボン玉のようなものと考えた方がいい。特異点そのものは決して見えない。事象の地平線の背後に隠されている。

三つの数字〔質量、角運動量、そして電荷〕で表わされるその天体は非常に基本的に見える一方、誰もが面食らうような存在だった。ブラックホールはいずれも、電子やクォーク同様、基本的な存在である。チャンドラセカールがノーベル賞受賞時のスピーチで言ったように、ブラックホールは美と単純さを兼ね備えている。

大勢の学生たちは、ブラックホールのあらゆる特徴を確実なものとするため、何年にもわたり、些細な問題でもすべて取り組んだ。常に、何かが最終的にブラックホールの生成を妨げる可能性があった。「恒星の核の物質があらゆる方向からナイアガラ瀑布のように内側へ激しく流れ込み、もともとの恒星の大きさからさらに小さなサイズになっていく[66]」と書いたのは、一九六八年のホイーラーだった。「一秒の一〇分の一もかからず、崩壊は完了し、見えるものはほとんどない」。

ロジャー・ペンローズはすでに強力な手段を提供し、ホイーラーの説明を支援していた。ペンローズはイギリスの理論家のなかで非常に有力なメンバーだった。トポロジカルで幾何学的な見事な道具をいくつも考案し、それらがブラックホールの物理について重要な問題を解くことにつながった。物理よりも数学に長けたペンローズは、一九五〇年代遅く、ロンドンでフィンケルスタインの講義を聴いてから、まず相対論的特異点に関心を持ち始めた。「ケンブリッジに戻ったときはまだ一般相対論についてよく知らなかった。特異点は不可避であることをまず証明しようとした。不可避であることが一般的な特徴かもしれないと思えたのだ[67]」とペンローズは言う。しかし同時に、やや「馬鹿げていてかつ神秘的な」気もしたと彼は記している。[68] 数年間、断続的にこの問題に取り組んだあと、一九六五年、ついに彼はある定理を『フィジカル・レヴュー・レターズ』誌に発表した。[69] この定理は、

「アインシュタインが一般相対論を発見して以来五〇年間で、最も影響力のある研究[70]」と言われるようになった。リフシッツとハラトニコフが自分たちの計算に間違いを発見する四年前、ペンローズは三ページに満たないスペースで、完全な重力崩壊と特異点発生がともに起こることを証明したのだった。ほとんどの物理学者がなじみのない数学的手法を使っていたため、広く認められるにはしばらく時間がかかった。しかし、要点は明白だった。最終的に特異点が発生しないような重力崩壊はあり得ないということだった。「球対称から導いたものだった。時空の特異点は必ず発生する[71]」とペンローズは言う。（すなわち、ブラックホールの理論研究者がまだ行なっていないように量子力学が考慮されない限りは――。詳しくは12章を参照）

ホイーラーやペンローズはそのことを知っていたし、現在の物理学でも強く主張されていることであるが、十分な質量があれば重力崩壊は避けられない。「チェシャ猫のように恒星の核は視界から消えてしまう。にやっと笑いだけを残して去るチェシャ猫[72]のように、重力だけを残して」とホイーラーは言う。重力に抗する物質の強さや安定性について私たちの知るすべては、避けられぬ結末へ向かう。大きさは視界から消え、私たちに影響のある重力だけが残る。

ホイーラーはその概念の狂気を伝えようとしていた。崩壊する物質のボールの上に乗っていたとすると、一秒とかからぬうちに密度はどんどん上昇していき、無限大になる。「無限大の密度ということの予測では、古典的理論なら行き止まりになるが、無限大という予測は予測ではなかった。何かが誤っていた。……無限は重要な物理現象が説明できなくなることを意味している[73]」とホイーラーは記している。

そして、何かが欠けている。ホイーラーの指摘によれば、その解答は一般相対論と量子論がうまく融合できたときに得られそうだ。今日、超弦理論〔「超ひも理論」などとも呼ばれる〕やループ量子重力理論といった最近の試みが、重力で支配される大宇宙と量子の力で制御される小宇宙を統合させようとしている。量子重力理論を主張している研究者はまだ決定的な解を得ていない。しかし、彼らはブラックホールの内側で特異点ではない何かが発生しており、量子効果が特異点発生を妨げていると信じている。

一九七〇年代早期、ブラックホールの発生を避ける最後の脱出口が残った[74]。それは脈動である。コンピューター・シミュレーションにより、ブラックホールが振動しうることが示された。ある意味、緊急時に鳴らされるベルの振動のようなものである。こうした脈動が不安定になると、ブラックホールからエネルギーが引き出され、脈動がよりいっそうひどくなっていく。そしてついにはブラックホールが裂けてしまうのだろうか？　最終的な答えは明白にノーだった。余剰エネルギーはブラックホールから、時空構造にできたさざなみである重力波として放射されるだけで、ブラックホールは無傷のままだ。

そうした相対論的な問題に挑戦するのは愚かか、さもなければ勇敢な行ないであり、当時は物理学専攻学生の能力を伸ばす選択肢だった。当時は恒星が崩壊すると考える者はほとんどいなかった。ソーンは一九六〇年代初めに、一般相対論は「実際の宇宙とほとんど関係がない。おもしろい物理をやるならほかに目を向けろ[75]」と警告されたことを覚えていた。幸い、ソーンはそのような疑念を無視した。強く否定的な態度を取る人たちは、まもなく、一般相対論は天体物理学に欠くべからざるものだと学ぶことになった。むしろ大いに必要になると――。ホイーラーやゼルドヴィッチ、そのほかの研究者らも重力崩壊の理論や一般相対論の再興に取り組んでいた一方、天文学は独自の発展をとげようとしていた。可視光以外の放射についても観測が開始されると、そこから意外な発見がもたらされ、謎を呼ぶことになるのだ。

第8章

こんな奇妙なスペクトルは見たことがない

シュミット

二〇世紀の新しい天文学が、意外なところから生まれてきた。舞台はニュージャージー州中部のジャガイモ畑の中であった。一九三〇年代、ホルムデルという田舎町の近くでカール・ジャンスキーは変わった電波受信機を設置していた。彼は人間の目に見える可視光という狭い電磁波の範囲とは別の新しい天文学に触れた最初の人物となった。彼の最初の第一歩は、新たな天文学の黄金時代へとつながるものとなった。しかし、天文学の歴史でよくあるように、ジャンスキーはまったく異なる目的から研究を始めていた。

一九二八年、大学で物理の学位を得たばかりの二二歳のジャンスキーはベル電話会社に雇われ、大西洋を横断する長距離無線電話の邪魔になる雑音電波の調査をするよう命じられた。発生源を突き止めるため、向きを変えられるアンテナを製作した。コンクリートでできた軌道の上にT型フォード車の車輪(1)を置き、その上の木製枠に真鍮パイプのネットワークを組み、それがアンテナとなった。向きをモーターの力で変えるこの装置は「ジャンスキーのメリーゴーランド(2)」と呼ばれた。

ベル研究所のホルムデル局のそばにアンテナが設置されると、まもなくジャンスキーは雷が主な雑音源であることを知った。しかし、それでもさらに弱いヒスノイズが別に存在し、一年も入念な調査を重ねていき(3)、一九三三年、ついに問題の二〇メガヘルツの雑音電波（アメリカ国内のAMとFM帯域の間の周波数）の原因が地球大気中でも太陽でもなく、また太陽系内でもないことがわかった。驚いたことに、その電波はいて座方向から来ていたのだ。そこには銀河系の中心が位置している。ジャンスキーは親しみをこめて「スターノイズ(4)」と呼んでいた。ジャンスキーにとって、その電波は、可視光では見ることができないおよそ二万七千光年彼方の銀河系中心で起こっている現象を示唆するものだった。可視光とは異なり、電波は星間ガスや塵に妨げられることなく通過する。ちょうど、レー

「メリーゴーランド」とカール・ジャンスキー。銀河系の中心から放射される電波を発見した歴史的なアンテナ。電波天文学の出発点となった（Reprinted with permission of Nokia Corporation）

ダーの電波が霧を通り抜けるように。

ジャンスキーの予期せぬ発見は、一九三三年五月五日の『ニューヨークタイムズ』紙の一面を飾る見出しとなった。読者は、宇宙からの電波が「宇宙人の銀河間通信[5]」のものではないと知って安心した。一〇日後、ラジオ局であるNBCのブルーネットワークが、全米向けにその信号を放送した。あるレポーターは、「ラジエーターから出る蒸気のような音[6]」だと表現した。

一九三五年には、ジャンスキーは宇宙雑音が銀河系中心の膨大な数の恒星から来ているのか、あるいは「電荷を帯びた粒子の、ある種の熱的擾乱状態[7]」から来ているのではないかと推測するに至った。後者が真実に近かった。その後天文学者は、雑音電波の源が銀河系の磁場をらせん状に回転する激しい電子流から出ていることを突き止めた。ちょうど、地上の放送局の送信アンテナで電子の流れが行き来する振動を起こして空中に電波が放たれているように、宇宙へ電波が放たれているのである。波長は可視光の波長よりもはるかに長い。この電波を初めてとらえたのがジャンスキーであり、宇宙電波の傍受者第一号となった。

この発見は世界中に知れわたってもよかったはずだが、ジャンスキーの宇宙に向けた新しい耳に関心を示した天文学者はほとんどいなかった。天文学者のほとんどは、レンズや鏡ではない電波というものに慣れていなかったのだ。「デシベルだのスーパーヘテロダイン・レシーバーだのという世界は、連星や恒星の進化などといった世界とはまるで縁遠かったのだ[8]」と科学史家のウッドラフ・サリヴァンは説明する。さらに、ベル研究所でもそれ以上の研究は行なわれなかった。天文学は、当時のベル研究所の専門外であったのだ。ベル研究所は、ジャンスキーをより実利的な問題の担当にした。ところが、ベル研究所職員による今回の発見に刺激を受けたという特別な人物が一人いたのだ。イリノイ州の電波技術者でアマチュア無線家のグロート・リーバーは、直径約一〇メートルの巨大な鋼鉄製パラボラアンテナを自宅の裏庭に作り、ジャンスキーの研究を発展させたのである。強い電波はほとんど天の川に沿った領域から来ていることを彼は突き止めた。一九四〇年、リーバーは観測結果を[9]『アストロフィジカル・ジャーナル』に送った。この論文は、先見性のある編集者のおかげで没を免れ、同誌が受理した電波天文学に関する最初の論文となった。四年後には、リーバーは初の宇宙電波マップ[10]を完成させた。電波が強いピークは銀河系の中心方向にあり、次いで、はくちょう座やカシオペヤ座方向にもピークが見られた。

この時代、第二次世界大戦による研究の停滞はあったものの、その後は電波天文学の分野が躍進をとげる。戦争そのものが躍進の理由の一つであった。ヨーロッパ、オーストラリア、そしてアメリカの若い物理学者や技術者が多数、戦争中レーダー開発に従事していたため、難解な電波科学になじんでいたのだ。戦争が終わると、彼らの中には電波の技術や知識を応用したいと、パイオニアたちを追って電波天文学を志すものが現われた。謎の電波を出している天体を突き止めようというのである。電波で見る宇宙はまだまだわからないことだらけであった。それ以降の出来事は「ガリレオのとき以来、天文学の歴史で最も豊かな時代[11]」と言われた。

電波望遠鏡は最初イギリスとオーストラリアで作られたが、次第に世界中で作られ始めた。昔の超新星爆発でできた星雲状の残骸から強い電波が出ていることがわかった。そして、電波で見た空で最も明るいはくちょう座の天体の一つが、およそ六億光年彼方にある奇妙な形の銀河であることもわかった。同様な「電波銀河」は空のあちこちに見つかった。一マイル〔約一・六キロメートル〕以上離れた電波望遠鏡からの信号を合成する技術も開発された。これにより、あたかも一つの巨大な電波望遠鏡で観測するかのように細部が識別できた。飛行機の翼のように、銀河から巨大なガスのローブ〔丸い突出部〕が数十万光年も広がり、そこから特異な電波を発していることまで判明した。では、どのようにして電波を発するのだろうか？

その答えを出すには、宇宙をまったく新しいイメージでとらえる必要があった。それは、宇宙に浮かぶ恒星や銀河といったイメージではなく、星間空間や銀河間空間に満ちている電磁場内を電子のような粒子が疾走するイメージで考えなければならない。こうした電子は、磁力線の周囲をらせんを描きながら電波を発するのだ。一九五八年には、天体物理学者のジェフリー・バービッジが、電波銀河を包むこれら巨大なローブが大量の磁場エネルギーと力学エネルギーを持つことを示した。それはあ

二つの巨大な電波ローブ（丸い突出部）。それぞれが直径およそ60万光年の大きさである。これらの中に巨大楕円銀河（中央に見える）ろ座Aが包み込まれている。地球からの距離は約6000万光年（courtesy of NRAO/AUI/NSF）

たかも一〇〇〇万個分の太陽質量の物質[12]が、$E = mc^2$の式に従って完全にエネルギーに変換したほどのものであった。光学望遠鏡では、こうした現象をまったくとらえることができない。このため、何世紀もの間、天文学者は宇宙はとても静穏な世界だと信じ込んでいた。ところが、スペクトルの広い範囲を観測するようになり、従来のエネルギー源では説明がつかないようなとてつもない現象が、はるか遠方で起こっていることがわかってきた。宇宙は活発な現象で満ちた世界だったのだ。

ダイナマイトのような化学的なパワーではあまりに弱すぎる。核エネルギーでも微妙なところだ。「核燃料の場合、質量に対してエネルギーに変換される効率はざっと一パーセントだ[13]」とキップ・ソーンは見積もったことがある。つまり、活動的な銀河が電波を出すローブにエネルギーを供給するには、太陽質量一〇億個分の物質が必要ということになる。それは可能性はあるが、実際には考えにくい。物質と反物質が対消滅する場合のエネルギーがすぐ考えられたが、それも却下された。宇宙には、十分な反物質がありそうにないのであった。

ミステリーは深まる一方だった。一九五〇年代後期までには、こうした発見による影響や時流に取り残されまいとする意識から、アメリカは独自に最新鋭の電波天文台を建設するようになった。その一つが、カリフォルニア州オーウェンズヴァレーに作られ、カルテックが運用している施設であるが、ここで「ケンブリッジ第三次電波源カタログ」にある四八番目の電波天体、3C48の位置を絞り込むことができた。天文学者のアラン・サンデージは、すぐさまカリフォルニア州パロマー山の山頂にある巨大な口径二〇〇インチ〔五メートル〕ヘール望遠鏡を使って、絞り込まれたその場所に何が見えるのか観測を行なった。さんかく座方向に、九〇分もの露出時間をかけて撮られた写真には銀河が見つかると期待されたが、見つかったのは光の小さな点だった[14]。本当に驚きだった。この点は色は黄色っぽく見えたが、紫外域で異常に明るかった。最初は、誰もが銀河系内の恒星だと思い「電波星」などと呼ばれていた。ところが「スペクトルを観測してみると、見たこともない奇妙なスペクトルだった[15]」とサンデージは言った。

その後二年にわたり、少数だが同様の天体が見つかった。一見すると銀河系内の微かな恒星のようで、ちょうど3C48のようだった。再度、これらの電波星からの光を詳しく調べると、光学天文学者らは、スペクトルに示されたすべての特徴〔スペクトル線〕が、これまで観測された恒星とは異なることを見出した。これらのスペクトルは、どの化学元素のものとも一致しなかった。その天体には別の未発見の化学物質があるのだろうか？　まるで、なじみの高速道路を降りると、わけのわからない道路標識だらけといった状況である。すべての恒星が持つ主な成分である水素だが、その水素の証拠すら見つからなかった。[16] それらの天体は、光学望遠鏡で見ると恒星のように見えるため、恒星であるかのように誰もが思い続けていた。一例を挙げれば、それらの天体からの光は短期間で変光した。もしそれが、銀河系のはるか外にある銀河なら、「とてつもなくばかげた」[17] 話だ。およそ一〇〇〇億個の恒星が、一斉にタイミングを合わせて迅速に明るさをONにしたりOFFにしたりすることになる。一九六三年二月にこれら特異な電波の謎がついに解けた。

二月五日、三三歳のマーテン・シュミットは、数年前にオランダからカルテックにやってきたばかりだったが、自分のデスクで[18] 3C273として知られる電波星についての論文を書こうとしていた。イギリスの学術誌『ネイチャー』宛の論文だった。オーストラリアの電波天文学者らは、ちょうどその電波源の正確な位置を観測するため、たいへんな努力をかさねていた。彼らは木を伐り、安全とされた限界を越えて重たい電波望遠鏡を傾斜させた。問題の電波星は地平線低くにあったからだ。改良された〔電波星の〕座標を用い、シュミットはパロマー山の望遠鏡を使って、可視光でその電波星を観測し、可視光のスペクトルをとることにした。広げられたスペクトルを前に、何週間もその正体がわからないままだったが、ついにシュミットはスペクトル線になじみのパターンを見つけるに至った。そのパターンは単純に水素が発する典型的な特定波長のものに似ていたが、本来あるべき場所にはなかったのだ！　そのため、水素の線であることがなかなかわからなかった。水素の線はスペクトルの赤の端の方に向かって大きくずれていた。このことが意味するのは、この奇妙な天体はとてつもないスピードで我々から遠ざかっている、ということだった。ちょうど、救急車が遠ざかっていくときにはサイレンの音程が低くなるのと同様、光源が遠ざかっていると、光の波長が長く引き伸ばされ（ドップラー偏移という）赤くなるのだ。この赤方偏移によって、天体が動く速度[1]や天体までの距離を求めることができる。

こうして、シュミットはただちに赤方偏移の意味するところを理解した。３Ｃ２７３は銀河系内の異常な恒星ではなく、およそ二〇億光年彼方（当時観測されていた最も遠い天体の一つだった）の信じられないような天体だったのだ。その天体は、宇宙の膨張によって秒速四万八〇〇〇キロメートルというスピードで我々から遠ざかっていた[19]。そのような遠方にあっても信じられないほど明るい天体であるということは、３Ｃ２７３が恒星数兆個分の放射を放っており、おそらくは明るくかく乱された中心部をもつ銀河ではないかとシュミットは考えた。あまりにも遠方であるために、恒星のようにただの光の点のように見えてしまうというのだ。

この発見によりすべてが明らかになった。他の奇妙な電波星のスペクトルもただちに解明された。これら青みがかった銀河系外の電波星がカリフォルニアの天文学者によって、まもなく準恒星状電波源（quasi-stellar radio source: QSRS）あるいは準恒星状天体[20]（quasi-stellar object: QSO）と呼ばれるようになったが、やがてこれらは単に「クエーサー」（quasar）と呼ばれるようになった。この言葉は、当初、保守的な天文学者からは蔑視された。一九七〇年には、当時『アストロフィジカル・ジャーナル』の編集長を務めていたチャンドラセカールによって、クエーサーという用語が公式に誌面で使用されることになった。それは、シュミットが、この言葉はもう無視できないとチャンドラを説得してからのことだった。「『アストロフィジカル・ジャーナル』はいままで、〝クエーサー〟という用語を

最初に発見されたクエーサー3C273。ハッブル宇宙望遠鏡の広視野惑星カメラ2で撮像。回折現象によって生じた細いツノのような線が写っている。クエーサーが恒星のような小さな光の点として観測されていることがわかる（Courtesy of NASA/Space Telescope Science Institute）

認めていなかった。そして、残念ながらいまとなっては認めざるを得ない[21]」とチャンドラはシュミットによる論文の一つに書いた注で記している。

現在、クエーサー3C273は、比較的私たちに近いクエーサーであると考えられている。のちに見つかったクエーサーに比べればかなり近い距離である。過去五〇年間で、天文学者はおよそ一三〇億光年彼方までのクエーサーを同定してきた。つまり、ビッグバン以後〔早いものでは〕一〇億年足らずでクエーサーは輝き活性化していたことになる。地球上の観測者は、広大な宇宙を横断してやってくるクエーサーの光を見ているわけで、クエーサーが宇宙最強の住民であることがわかる。

しかしながら、その怪物級のエネルギー源はいったい何だろうか。「やっかいなことに、大量のエネルギーを放射するだけでなく、そのエネルギーが一光週という距離以下の狭い領域から出ているらしいのだ」[22]とシュミットは言う。クエーサーからの光が数週間から数日程度で暗くなったり明るくなったりしていることから、そうしたことが判明した。3C273の場合では、約一七年間の過去の写真乾板を確認したところ、[23]一三等の明るさのクエーサー（ざっとシリウスの四〇万分の一の明るさ）が、ある乾板では微かで、その一ヵ月後の乾板では明るくなっていた。そのような比較的すばやい明るさの変動は、クエーサーの動力源が小さい、もしかすると太陽系の直径以下かもしれないことを意味している。というのは、とてつもなく巨大な天体が、その明るさを急速に変えたらば〔観測される明るさの変化がゆっくりになり〕ノイズの中に埋もれてしまうだろう。だが、宇宙的スケールで小さな領域から太陽の数十億倍のエネルギーが出ているのだ。そうした宇宙発電機は、一秒だけで世界で使う電力の一〇億年の一〇億倍を賄うことができる計算だ。いかなる宇宙現象がそのようなエネルギーを発生させているのだろうか？

残念ながら、どのアイデアもうまく説明ができていない。「クエーサーの発見は、観測天文学への重大なインパクトだった。一九六〇年代以前は、その分野の権威というものが存在した。会議で新しいアイデアが出ると、直ちにベテランの天文学者らによって判断され、従来の考えから大きくはずれたものなら拒絶された。（ところが今は）奇妙なアイデアであっても真剣に受け止められるように進化した」[24]とシュミットは説明する。

フレッド・ホイルやウィリアム・ファウラーなどは、あえて長らく無視されてきた一般相対論を持ち出してきた。シュミットが3C273の発見を『ネイチャー』に発表する一ヵ月前も、ホイルやファウラーは同じ『ネイチャー』に、活発に電波を出している銀河の多くについて、重力がエネルギー源となりうるという論文を発表していた。太陽質量一億個分にもなる物質がそうした銀河の中心部に集まり、一つの巨大な恒星のようになっていると彼らは想像していた。この質量が急激に収縮し、「相対論的限界[25]」に達し、すなわち破滅的な重力崩壊を起こすと、こうした銀河が示しているような膨大なエネルギーが放たれるという。これは、二年前にソ連の物理学者、ヴィタリー・ギンツブルク[26](ランダウのもとで学んでいたことがある)が発表した最初のアイデアを発展させたものだった。

シュミットによるクエーサーの発見は、ホイルやファウラーの興味深い理論と相まって、物理・天文学界にまたたくまに広まった。相対論研究者グループによって組織され、開催された会議によって、天文学者、理論家、そして物理学者が一堂に会し、クエーサーに関する無数の疑問を話し合った。その大規模な集まりの主催者[27]には、NASA、アメリカ海軍、そしてアメリカ空軍も名を連ねていた(一部の軍事関係の部署では、こうしたエネルギー現象に関心をもっており、これはロジャー・バブソンが一般相対論の研究が反重力装置[28]につながるかもしれないと考え、熱心に取り組んでいたことも影響していた)。「一〇年以上の間、強力な銀河系外電波源の性質は、現代天文学の最も魅力的な問題の一つになってきた。……その膨大なエネルギーのメカニズムについて、これまでほとんどすべての説明、理論が失敗に終わっていた。……重力崩壊に関する多面的、基礎的な疑問について、多くの分野の専門家が徹底的な議論を行なうことが重要となっている[29]」とその会議の招待状には書いてあった。

J・ロバート・オッペンハイマーは招待された一人であった。四半世紀近く無視されてきたオッペンハイマーの一九三九年の論文が、ついに日の目を見ることになるようだった。科学界には大きな驚きであった。「ダラスの会議であなたとお会いするのを楽しみにしています[30]」とペンローズはホイーラーへの手紙に書いた。「間違いなく興味深く、むずかしいテーマです」。

第９章

ブラックホールって呼べば？

カー

活気のない暑いテキサスの夏、強いマティーニ（カクテル）でもなければ会議は実現しなかったかもしれない。著名な数学者アイヴァー・ロビンソンは一九六三年早々にダラスに移ってきた。サウスウエスト高等研究センター（のちのテキサス大学ダラス校）に新しく設けられた相対論グループを率いるためだった。彼はやれやれという気分で「ヌル・バイベクトルがわかる人間」が欲しかった[1]。それで、七月の長いウィークエンド中[1]彼は多くの友人を招いたが、そこは、一般相対論仲間のいつものバーとはかなり離れていた。

七月六日、皆ダラス郊外のプールのまわりに腰かけながら、何をするともなくうちわであおぎながら、手には飲み物を持っていると、サウスウエスト高等研究センターの主任技師で物理学者のローリストン・マーシャルが、自分たちの新しい研究所を有名にするちょっとした会議でもしてみないかと提案した。そこにはたぶん二五人が同席していた。「少しでも刺激になればいいね[2]」とマーシャルは言った。ロビンソンは、テキサス大学オースティン校から来ていた相対論研究者のアルフレッド・シルトとエンゲルベルト・シュッキングとともに、そのアイデアに飛びついた。

三人が、その後数日間で話題になりそうなことを検討していたとき、シュッキングはたまたま新発見のクエーサーのことを話題にした。「誰もその正体がまるでわからないんだ[3]」と彼は指摘した。「それ、会議の話題にしてはどうかな?」。みんなが同意した。だが、それほど大きな話題だと、考えていたよりずっと大きな受け皿が必要になると予想された。そこで、最初のアイデアは内輪のワークショップだったのが、すぐにシュッキングが言うように「テキサス的な、ダラスで開く盛大なパーティー[4]」となった。テキサスのプリンストン（プリンストン高等研究所）を作る援助をしてくれるダラス市からの補助金は「とくにありがたかった。酒に消えてしまいかねないが、オースティン校からのローン・スター・ステート銀行のお金はまじめな出費だけにしか使えなかったからだ」[5]とシュッキングが付けくわえた。

ところで会議の名称は？　小さな相対論グループが大々的に天文学のテーマで会議を開催するわけである。シュッキングは「決まった」と言った[6]。彼とシルト、そしてロビンソンはまったく新しい分野の名称を考案したのである。会議のタイトルは「相対論天体物理学に関するテキサス・シンポジウム」となった。この新分野に関係ありと見られたほぼあらゆる人物が招待された。「相対論は、クエーサーという王子が起こしてくれる眠れる森の美女だった」[7]とドイツの科学史家ユルゲン・レンは言う。多くのトップクラスの科学者が、一般相対論が自然界で本当に重要であると知る初めての瞬間であった。

会議は一九六三年一二月、三週間前にその通りでジョン・F・ケネディ大統領が暗殺されたところからほんの数ブロックしか離れていないダラスのダウンタウンにあるホテルで、クリスマス直前に開催された。その悲劇が起こったあとだけに、会議の組織委員たちは会議中止を考えたが、続行することになった。テキサス州知事のジョン・コナリーもその事件で傷を負ったが、ギブスを腕につけたまま開会のあいさつをし、出席者を迎えた[8]。

三〇〇人もの科学者が世界中から集まった。オッペンハイマーは最初のセッションで議長を務めた。シュッキングは思い出す。そのセッションが始まる数分前、オッペンハイマーは「我々に時計の時刻を合わせるよう頼んだ。まるで、もう一つのアラモゴード実験[2]を行なおうとしているかのようだった」[9]。プリンストン大学の天文学者になっていたカール・シュヴァルツシルトの息子マーティンもいた。これら相対論研究者、天文学者、そして天体物理学者らは、その場の熱い雰囲気を感じていた。ある参加者が言っていたように「多くの者が感じていた。この分野に今後大きな影響を与えていくのかもしれない極めて重要な新しいアイデアが出される、そんな歴史的現場に立ち会っているということだった[10]」。

素晴らしく集中した会議だった。ついに、一般相対論と天体物理学が直接つながるようになったのだ。その会議までに天文学者は九つのクエーサー[11]を発見していた。オッペンハイマーの重力崩壊天体は見つかったのだろうか？　コーネル大学の天体物理学者のトーマス・ゴールドは、会議の夕食後、何気ない会話の中でこんなことを言っていた。「〔相対論は〕みごとな文化的装飾品だが、科学に本当に有用かもしれない。誰もが満足だった。相対論研究者たちは評価されていることを実感した。彼らは、存在すら知られなかった分野の専門家となった。天体物理学者には、一般相対論という研究分野が組み込まれたおかげで専門領域の拡大につながった。望んだことがすべて正しかったことを願うばかりだ。会議が終わり、我々がまた解散しなければならないのは本当に残念だった[12]」。

会議への招待状には、明瞭簡潔に重要課題[13]が次のように書かれていた。

（a）天文学者は、電波源と関連した特異天体を観測した。これらは、重力崩壊の残存か？

（b）どのようなメカニズムなら、重力エネルギーを電波に変換できるのか？

（c）重力崩壊によって収縮が無制限に起こり、時空の特異点ができるのだろうか？

（d）もし、特異点ができるのなら、その壊滅的状況を避けるには、理論上の仮定をどう変更すればよいのか？

最後の項目はとりわけ興味深い内容で、物理学者はみにくい特異点をまだ絨毯の下に隠せると考えているようだった。オッペンハイマーやスナイダー、ホイーラーとゼルドヴィッチらの研究にもかかわらず、依然として重力崩壊は呑み込みにくい薬だった。参加者の中には、会議に出るまでは、重力崩壊の可能性があることすら知らない者がいるほどだった。

ある疑問が皆の頭にすぐ浮かんだ。それほど強い電波や光を出すエネルギー源は何なのかということだ。3C273は太陽の数兆倍のエネルギーを出していた。いままでどれほど長くその状態を保ってきたのか？　今後どれほど続くのか？　科学者はすでに核反応では、それほどのエネルギーを出し続けるのは無理であるとわかっていた。そこでスポットライトが当たったのが重力、正確には重力崩壊だった。ブラックホールに向かって物質が落下し加速されていくとき、核反応を凌ぐ膨大なエネルギーが放たれる。

会議の最初の日の朝、フレッド・ホイルとウィリアム・ファウラーが、巨大天体の重力収縮について議論していた。恒星の外層では、物質が密になった領域が何千個も発生し[14]、それぞれの領域が太陽質量の一〇〇倍ほどになり、太陽のように数十億年どころではなく一週間程度でたちまち核燃料を使い切る。同時に、天体の中心部では収縮が続き、太陽質量の一億倍以上の「スーパースター」はとてつもないエネルギーを放ち、破滅するように一点に縮小していく。そもそも、そのようなマンモス星がどうやったら誕生するのか？　「当面は、そのような天体がどのようにしてできたかは無視することにする。観測的事実が巨大質量天体の存在を強力に裏付けているようだった。したがって、その性質を問うことは理にかなっている。無視、冷遇、非難、そして言外の酷評、そのすべてをひっくり返すのだ[15]」とホイルとファウラーは発表した見解の中に書いた。ホイルとファウラーは一種の「反重力」場（もちろん物理学では見られない代物だが）が外側への圧力を働かせ、スーパースターを特異点への全崩壊から守っていると示唆していた[16]。その「場」により、崩壊する恒星にはねかえる衝撃を生み

左から右へ：フレッド・ホイル、アイヴァー・ロビンソン、エンゲルベルト・シュッキング、アルフレッド・シルト、そしてエドウィン・サルピーター。1963年の相対論天体物理学に関するテキサス・シンポジウムにて（American Institute of Physics Emilio Segrè Visual Archives, E. E. Salpeter Collection）

出し、観測されるような放射が放たれる。こうした振動は、天体が事象の地平線内に完全に収縮して視界から消えるまでには、時間とともに収まっていく。マーテン・シュミットの発見は正しかった。有名な作曲家コール・ポーターのミュージカル『エニシング・ゴーズ』〔一九三四年〕のように、何でもありの時代に天文学者らは突入したのだった。

一部の天文学者は、こうした崩壊するスーパースターの極めて強い重力場なら、クエーサーの大幅な赤方偏移が発生する可能性ありと考えていた。膨張する宇宙が、長い距離において光の波長が伸ばされる現象とは別に、これは、クエーサーが大質量でしかも小さく、比較的近い距離にあることを意味していた[17]。まもなく、それは正しくなかったことがわかった。もしそうなら、銀河系内のそうした大質量天体の近くにある恒星の動きが、強い重力場で乱されてしまう。そのような乱れは銀河系近傍では観測されていない。ある計算では、3C273が銀河系内の恒星なら、我々からの距離はせいぜい一光年の三分の一で[18]、現実には太陽系内ということになる。となると、惑星運動にかなりの影響を及ぼすだろう。もしもそうした恒星が我々から秒速四万八〇〇〇キロメートルで遠ざかっているとすると、銀河系はその天体を重力で長期間引きとめておくことができない。

別のメカニズムとして考えられるのは、もしかするとクエーサーは物質と反物質とが出会って対消滅している現象かもしれないということだ。わずかな物質がその反物質と出会っても、そのペアは互いに消滅し、爆発的な放射だけを起こし、あとには何も残らない。しかし、これらまったく異種の物質は対消滅の前に、どうやったら長期にわたり離れて存在し続けられるだろうか？

会議の参加者らは次々に、これらの考えに熱く議論を交わした。クエーサーは一度に多くの超新星爆発が起こっている現象だろうか？　実際は違うだろう。そのようなエネルギーを出すには、一億個もの超新星爆発が必要になる。なぜ（そしてどのようにして）それほど多数の恒星が同時に爆発するのか？　さらに、たった数光年の範囲の体積内に一〇〇万個以上の恒星が密集しているというのは[19]、はたしてありえるのだろうか？

特異な、急激に重力崩壊した恒星については、ホイルとファウラーが議論したが、やはり問題があった。物理学者のフリーマン・ダイソンがその点を力説した[20]。崩壊により大量のエネルギーが発生するが、それは、短時間、せいぜい一日の間だけだと彼は指摘した。ところが、クエーサーはいつまでも輝き続けている。重力崩壊はあっという間に終了してしまうが、クエーサーは一〇〇万年以上も猛烈に輝く天体となる。

ほどなくして、ソ連の天体物理学者ヤーコフ・ゼルドヴィッチとイゴール・ノビコフは次のように指摘した。大質量の重力崩壊した天体に向かって引きつけられた付近の塵やガスが天体のまわりに円盤上に積もって降着円盤を作り、そこから大量のエネルギーが放たれる可能性がある。周囲を回転する物質からエネルギーが放射し、最終的に事象の地平線の向こうに姿を消すまで、周囲を回りながら長年光り輝くのだという。しかし、そのようなアイデアは、会議のどの話し合いの場でも出てこなかった（ソ連の科学者は、テキサスへの渡航を許可されていなかったのである）。結局、会議の最終日、一つの理論体系すら勝ちあがったものはなかった。クエーサーのエネルギーを新たな物理で説明するというより、ガス雲が中心部にある星団に落下していくなど、もっと普通の物理現象で説明しようとする者が多かった。[21]銀河の中心に向かってガスが突入していけば、エネルギーは得られる。おそらく、その途中で衝撃や衝突によって爆発的な形でエネルギーが変換されるのだろう。

さまざまな仮説はすべて――異様なものから平凡なものを含め――、数年の間に決着を見た。勝ったのは異様な仮説だった。クエーサーのエネルギー源が超巨大ブラックホールであるというのは、今日では広く受け入れられている。早い時期にゼルドヴィッチとノビコフが推測したように、[22]ブラックホールのまわりを回転する物質でできた降着円盤を通じてエネルギーが放出される。また、コーネル大学の物理学者エドウィン・サルピーターも独立に、一九六四年にそのことを示唆していた（詳しくは第11章で）。

今日、第一回目のテキサス・シンポジウムは、ブラックホール物理学において大きな突破口の先触れにもなったと言っているのは、精力的な相対論研究者ロイ・カーである。しかし、当時会場にいた天体物理学者らはそのことにほとんど気づいていなかった。会議の終盤になり、三人の参加者が会議を振り返って要点を紹介したが、カーの発表[23]については言及すらされなかった。ところが、読者も知るように、その失態が結局は修正されることになる。

一九六〇年代初期というのは、天文学における分水嶺だった。クエーサーの発見などがあり、相対論にも革新的な動きがあった。相対論は黄金時代に入ろうとしていた。著名な物理学者ジョージ・ガモフが述べたように、「急速な発展を遂げていく物理の他の分野とは関係なく、単独の威厳ある存在、科学のタージ・マハールのように[24]」何十年も一般相対論は耐えた。だが、第二次大戦の軍事需要の影響を受けた観測装置の進歩により、いまや実験物理学者は極めて正確にアインシュタインの予測の検証ができるようになった。さらには、彼らは新しい実験も始めたのである。「新たに若くたいへん有能な世代が出てきた。実験方法の改良と熱意から、一般相対論の伝統的な確認方法をぶちやぶった[25]」とMITでホイーラーは同僚に手紙に書いていた。

たとえば、一九六〇年にロバート・パウンドとグレン・レブカが、ついに「重力赤方偏移」をとらえた[26]。これは、アインシュタインによって以前から予測されていた現象の一つだったが、高い精度を要求される実験であり、それまでは誰も成功せず、四〇年もかけてようやく成功したのだった。アインシュタインによる重力効果の予測には、光の屈折、軌道の向きのずれ、そして第三の予測として重力による赤方偏移があったが、これもとうとう証明されたのである。簡単に言えば、強力な重力場から逃れようとする光の波長が伸ばされ、したがって赤くなるということである。パウンドとレブカはまさにこの現象をハーバード大学構内で測定した。彼らは、放射性原子から出るガンマ線を、物理学部の建物内にある数階の高さがある時計台で実験を行なった。ガンマ線放射が約二二メートルの高さの塔の頂上に達するまでに波長がわずかに伸びるのである。それはアインシュタインの予測通りの量だった。

これは、宇宙空間よりも地球上のほうが時間の進み方が遅くなるという重力赤方偏移が起こっているからであった。光の波をバネとして考えてみると、地球の重力という井戸から抜け出そうとしてバネが伸びるのに似ている。波長が長くなれば、一秒間に通過する波の数である周波数は減る。もし、ガンマ線の周波数を時計として見れば、時計の刻む一秒一秒が地球の重力場によって遅くなるのである。〔精密な測定ができても〕私たち自身はこの変化に気づかない。私たちの体を作っている原子も同じように時間の遅れを受けているからだ。その効果は比較をすることによってようやく気付くようになる。宇宙空間に自由に浮かんでいる時計ではそのような重力的効果は現われず、比較をすれば、時を速く刻んでいることがわかる。GPS衛星に積まれた極めて安定した時計は、地上から高い場所にあり、わずかに速く進む。結果として、一般相対論補正を周期的に行なうようプログラムしておかなければ、我々の車や船舶、航空機の航行の安全性は低下してしまう（もしかすると、一般相対論が日常生活に役立つ初めてのケースかもしれない）。

重力場の強さによってどれほど時計が遅れるのか。もしも、中性子星の表面で人間が奇跡的に生きていれば、その場の重力は地球上の一兆倍にもなる。中性子星の表面の人は、地球上に比べ、ゆっくりと齢を取ることになる。地球上で一〇年経過したとき、中性子星上ではまだ八年ほどしかたっていない。

重力崩壊について語る天文学者やアインシュタインの予測を追試しようという実験家により、一般相対論分野は深い眠りから覚めていったかのようだった。理論家も関心を新たにした。

当時の誰にとっても大きなハードルは、現実の恒星の記述だった。それまで、「重力崩壊した天体」についての研究すべてが、完全に静止した球体物質からスタートしていた。プリンストンやソ連のグループにいた科学者には、方程式を解くことができる唯一の方法がそこからのスタートだった。ところが、それは非現実的なシミュレーションであった。

恒星は自転している。空に輝くあらゆる恒星が自転しているのだ。したがって、自転を考慮すれば、恒星の崩壊が避けられるかもしれなかった。それは、多くの研究者が考えたことだった。忌まわしい「特異点」は想像上の存在であって、アインシュタインの方程式を、動きのない恒星が完全に対称的に崩壊するという特殊な条件で解いた場合の、自然界にはない解であると考えていたのだ。完全に崩壊し体積ゼロとなるのはあまりに途方もない考えだった。しかし、その証明をするには、相対論研究者は大きな難題である一般相対論の方程式を、自転する恒星を扱える形で解かなければならなかった。それは、この分野の聖杯とも言うべきもので、何十年もの間、理論家たちを拒んできた。ニュージーランドの数学者であり物理学者でもあるロイ・カーがこの問題に取りかかるまでは。

第二次世界大戦直後、カーはニュージーランドの現カンタベリー大学で学士と修士の学位を得た。当時の大学図書館は「ひどいもので、現代物理学の本ですらエーテルの理論が書いてある始末だっ

2013年のロイ・カー（courtesy of the University of Canterbury）

た[27]」と彼は思い起こす。博士号取得のため、イギリスのケンブリッジ大学へ移ってから、彼は一般相対論に興味を持つようになった。そこで学位論文として、近接連星のような環境下で粒子がどのように動くのかを取り上げることにした[28]。

一九六〇年代初頭には、相対論研究者らは、微分幾何学からアインシュタインの場の方程式を解くという新たな数学技法を得て、再び活気づいていた。これにより、さらに物理的解明の糸口が広がった。こうした新しい進展は、相対論研究者に大きな興奮をもたらした。停滞状態から彼らにゆさぶりをかけたのだ。カーは、一九六二年にテキサス州オースティンにあるテキサス大学に職を得た。ここでは、相対論センターが新しく設立されようとしていた。彼は相対論研究の熱気に追いつき、自身の研究にとりかかった。

それは、カーにとってたやすい道のりではなかった。数ヵ月頑張ったのち、オースティン校の同僚が彼にある論文を見せた。それは発表を控えている論文だったが、可能な解が何ら得られていないと言っていいような内容だった。ざっと読んだカーは、方程式の一つに誤りがあるのに気づいた。「その後二、三週間もすると、興奮状態になったり、あるときはぼんやりとした注意散逸状態にいきなり陥ったり、そして一日七〇本もの煙草を吸う、というたいへんな事態になっていた[29]」とは、カーの伝記作家であり、物理学者のフルビオ・メリアの言葉であった。カーは問題を「四次」の微分方程式にまで簡潔化した。それは、相対論研究の別のグループ、アイヴァー・ロビンソンとアンジェイ・トラウトマンらが行なった結果と一致していた。彼らはもっと一般的なケースを計算しようとしていたが、カーの方は異なる戦略だった。物理的な世界と無関係な結果はどれも無視した。「宇宙で見つけることができる何か〔現象、天体〕と関係した解を出したかった[30]」と彼は言う。そして、ある対称性の利点を使って、やっかいな条件を取り除くことに成功した。あまり洗練されたやりかたではなかったと見る者もいた。最も重要なのは、軸対称となる座標系を使ったことだった。別の言葉で言えば、自転を扱うことができたのだ。

観測者が重力源から遠くにいる場合には、ニュートンの重力の法則と一致するような解に近づいていることはわかっていた。しかし、その遠方の視点では、重力源が自転しているかどうかの違いが明瞭でなかった。次の日、オフィスで、彼の上司であるアルフレッド・シルトは、期待してそばにあった古い肘掛椅子に座っていた。カーは自分の机の席で、仮想的な時空に置かれた天体が、実際に角運動量を持つことを紙と鉛筆で証明しようとしていた。立て続けに煙草を吸いながら三〇分ほどたったとき、カーは上司の方を向いて言った。「アルフレッド、自転してる[31]」。それどころか、自転する天体は、周囲の時空を引きずっていた。ちょうど、ボールの中で泡立て器を使ってケーキ用のバターをかき回したときのようだった。

「慣性系の引きずり[32]」として知られるこの相対論効果は、一九一八年にオーストリアのヨセフ・レンズとハンス・ティリングが最初、近似的な方法で導いていた。カーは、近似的ではなく完全な解をついに求めたのであった。上司のシルトはその結果に満悦であった。「もくもくとパイプから出る煙を払いのけて[33]」とフルビオ・メリアは伝えている。「シルトは急いで机のところに行き、カーの肩越しに机の上の走り書きを見た」。彼は、カーがアインシュタインの方程式を、自転する天体に適用できる形にする方法をついに発見したということをすぐに悟った。「どう祝ったのか覚えていないが、とにかく我々は祝ったんだ！」[34]と後にカーは追想している。

一般相対論研究者の表現で言えば、カーは、質量を持つ回転する天体の周囲の時空を表わす新しい「メトリック」を考え出したのだった。一般相対論の問題の中の頂点を極めたのである。偉業を達成したカーはただちに大学の終身在職権を持つ教授になった。[35]こうした成果を導いたのは研究の質の問題であり分量ではない。一九六三年、『フィジカル・レヴュー・レターズ』誌に提出して一ヵ月以内に世に出た彼の最終的な論文[36]は、たった一ページ半の短いものだった。カーの業績に大いに気をよくしたシルトは、構内の時計台を、祝いごとに使用されるオレンジ色でライトアップするよう大学に要望した。[37]フットボールチームが優勝の際にはいつもそうすることになっていたが、今回はそのようなことは起こらなかった。[3]

テキサス・シンポジウムが計画されていた前後に起こったことは、以上のような内容であった。シンポジウム主催側では、セッションの一つでカーの解について論ずる者を誰かに頼む予定だったが、そのことを聞いたカーは（残念に思ったかもしれない）演壇に立つのは自分だと確認した。「(聴衆には)ウケなかったよ」[38]とカーはいまも思い出す。論文の発表とシンポジウムの間隔は二、三ヵ月だったが、その間にカーは自身の方法を、事象の地平線へと崩壊していく天体に応用してみた。クエーサーがシンポジウムの主要テーマだったなら、カーの解は「クエーサーから放たれる膨大なエネルギーを、巨大質量の重力崩壊で説明できるかもしれなかった」[39]。自転が重要なポイントだと、カーは参加者に言った。

しかし、会議に出ていた天文学者にはまるで真価が理解できなかった。カーが一〇分の講演をしている間、天文学者らはほとんど聴いていなかった。多くの者が会議場から抜け出し、休憩をとっていた。ほかの者は席で居眠りをしていた。数人はカーをまったく無視し、自分たちでおしゃべりをしていたのだ。天文学者は時空のメトリックやシュヴァルツシルト面がクエーサーと関係があるなどとは思いもしなかったのだ。

しかし、会議場にいた相対論研究者たちはカーの発表に釘づけになった。話の終盤になると、著名なギリシャの相対論研究者であるアキレス・パパペトロウ[40]は席から立ち上がった。そして、これまでの約三〇年間、誰も成功しなかった重力源が自転している場合の厳密解が、カーによって求められたことをパパペトロウは言明したのだった。彼はこぶしを振り回し、ろくに聴いていない聴衆たちに小言を言った。皮肉にも、会議場の天文学者らはあくびをしているありさまだった。一二月のその日、カーは、自転するブラックホールの初めてとなるモデルを天文学者らに、うやうやしく差し出したのだった。もし賢明な天体物理学者がその場にいたら、すぐにクエーサーのエネルギー源として可能性ありと気づいたことだろう。それこそが会議の意義そのものだった。ブラックホールのエネルギーを使えばよいのだ。

ブラックホールの自転がその鍵であった。アイススケーターを考えてみよう。両腕を広げて、次に腕を体に寄せると、スケーターの回転が速くなる。角運動量保存則による単純な結果である。自転する物体の広がりが小さくなると、自転が速くなる。自転する大きな恒星が突然小さなブラックホールへと崩壊するのは、極端な場合である。ブラックホールは途方もない速度で自転することになる。あまりの速さに、ブラックホールには二つの面が発生することをカーは解明した。内側の境界は通常の

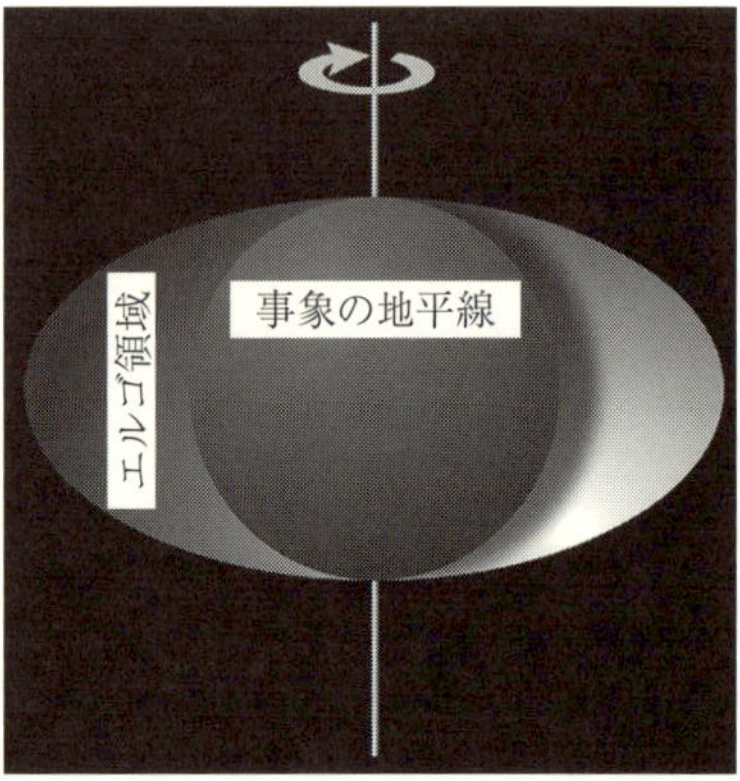

自転するブラックホールには二つの面がある。内側の面は、その内部に入ったら何ものも抜け出せなくなるという事象の地平線である。外側の面との間には、エルゴ領域というブラックホールからエネルギーを取り出せる領域がある（Messer Woland, courtesy of Wikimedia Commons）

事象の地平線。いかなる物質も光もそこを横切ったら引き返せない。外側の境界も形は球状であるが、いくぶん平たくなっており、極の部分でブラックホール〔事象の地平線〕に接触している。二つの境界の間に挟まれた領域に入った物質や光は、高速でブラックホールの周囲を回ることになる。もしも、置かれている位置が正しければ、ブラックホールから脱出することができる。脱出方向は磁力線に沿う向きになる。ブラックホールの両極からは物質がそのまま出てくることになる。

公平に言うのなら、カーは以上の詳しい内容をテキサス・シンポジウムで話したわけではない。彼は、会議が始まる前に急いで結果を出しただけなので、二つの境界の間の領域をこのように考えたわけではなかったし、二つの境界を正確に定義したわけでもなかった。[41] しかし、それは始まりであった。一九六九年には、ロジャー・ペンローズがブラックホールの内側と外側の境界の間にある特殊な領域を完璧に説明し、[42] エネルギーの増幅器となるこの領域はエルゴ領域[4]と呼ばれることになった。「エルグ」(erg)という言葉は、ギリシャ語の仕事やエネルギーを意味する言葉から来ており、エルゴ領域からエネルギーを得ることができるのでまさにその通りの名前と言えよう。ペンローズはこの特殊な領域に入った物質や光がどのようにして、ブラックホールの自転からエネルギー（それもかなりの）

を得て脱出することができるかを示した。ブラックホールは、エルゴ領域での現象を通じて、わずかながら自転が遅くなる。

カーのブラックホール解から得られる、また別の結果がある。重力崩壊に対抗する最強の根拠として、常に自転というものがありそれは、重力崩壊による完全なる忘却から救ってくれる救世主だった。しかし、そうではないことがカーの解から証明されたのだ。自転はブラックホールにおもしろい新たな特性を加えてくれたのだが、ブラックホール形成の回避にはまるでつながらなかった。さらに、カーの解はのちに別の研究者、スティーヴン・ホーキングやブランドン・カーター、そしてデイヴィッド・ロビンソン[43]によっても、ブラックホールのあり得る唯一の解であることが証明された。チャンドラセカールはその発見を自らの科学人生で「最も強烈な体験[44]」と語っている。さらにチャンドラセカールは、カーの解が「宇宙に膨大な数存在する大質量のブラックホールの完全に正確な表現であり、数学上の美だけでなく、自然界にも正確に同じものが見つかるだろう」とも語っている。

一九六〇年代後半までは、SF作家らはこの新たな宇宙っ子の扱いにかなり注意を払っていた。『スター・トレック』のファーストシーズン中、一九六七年一月二六日に初めて放送された「明日は昨日」(Tomorrow Is Yesterday)〔邦題「宇宙暦元年7・21」〕では、宇宙船エンタープライズ号が見えないブラックスターと遭遇、とナレーションが説明し、宇宙船がその強力な重力によって危険なほど引き寄せられた。重力崩壊した天体は、よく「暗黒星」とも言われていたのだ。我々になじみの愛着ある名前、ブラックホールの名は、一九六七年末までは公式に確認されていない。

＊

当然ながら、「ブラックホール」という言葉には暗く芳しくない世評がある。一七五六年六月、インド、カルカッタのフーグリ川の土手に築かれたフォート要塞にはイギリスの守備隊がいた。ベンガル太守、シラージュ・ウッダウラの軍により、一四四人のイギリス人男性と二人の女性が捕虜となり、ある歴史家によれば、少なくとも人質六四人が狭い「ブラックホール」と言われた小部屋に一晩中監禁され[45]、伝えられるところでは、暑くて息が詰まるような夜を生き伸びたのはせいぜい二〇人ほどだったという。この恐ろしい事件以来、「ブラックホール」という言葉は、入ったら決して出てはこれないような監禁場所、狭い監禁部屋を指すようになった。

電波パルサーが発見されたあとの一九六七年秋、ニューヨークのNASAゴダード宇宙研究所で急遽開かれた会議で、ホイーラーは初めて「ブラックホール」という用語を使ったと繰り返し語っている。赤い巨星や白色矮星、あるいは中性子星から神秘的な発信音がやってきたら？　ホイーラーによれば、彼は天文学者らに、それらは「重力崩壊天体」かもしれないと言う。「ところが、その言葉を四、五回言うと、聴衆からは〝なぜブラックホールと呼ばないんですか〟と声がかかる。それで私はそれを採用することにした[46]」とホイーラーは言うのだ。

しかし、一九六七年にはパルサーが発見されていたが、一九六八年になるまでその存在についてはかなりの秘密扱い[47]で、その年の二月になって、ついに『ネイチャー』で発表された。ゴダード研究所のパルサー会議[48]は五月に開催されたのである。たぶん、ホイーラーはその会議が一九六七年に開催されたと思い違いをしていたのだろう。一九六七年一一月にゴダードで開かれていたのは超新星に関する会議であったが、ホイーラーの名は会議の論文集録にはない[49]。疑う余地がないのは[50]、ホイーラーが一九六七年一二月二九日にニューヨークで開かれたアメリカ科学振興協会（AAAS）の年次総会で、アフターディナーの談話の中でブラックホールという言葉を使ったことである。それは、一九六八年の『アメリカン・サイエンティスト』誌の記事となり、タイトルは「我々の宇宙――何が既知となり何が未知なのか」であった。昔から、ホイーラーが「ブラックホール」という用語を使い出したと言われているのは、この記事が根拠になっている。

それでも、この用語がもっと早くに使われていたという確かな証拠があるのだ。たとえば、ホイーラーが使い出したという四年前、一九六三年のテキサス・シンポジウムでの何気ないやりとりである。当時、『ライフ』誌の科学編集者であったアルバート・ローゼンフェルドは、「ブラックホール」という言葉を、発見されたクエーサーの記事の中で使っていたのだ。テキサス・シンポジウムのレポートで彼は、フレッド・ホイルとウィリアム・ファウラーが、恒星の重力崩壊がクエーサーのエネルギーを説明できるかもしれないと示唆したことを書いている。[51]「重力崩壊の結果、見えない宇宙の〝ブラックホール〟ができるのだろう」とローゼンフェルドは書いていた。今日の彼は、間違いなく、自分がその言葉を発明したのではないという。[52]テキサス・シンポジウムでふと耳にしたのだというが、誰の発言であったのかは覚えていないそうだ。ホイルが議論で使った言葉だったのか？　その一〇年以上前〔一九五〇年〕、イギリスの天体物理学者フレッド・ホイルは、宇宙の起源に関する爆発理論を皮肉っぽく「ビッグバン」と呼んだ。彼は、天体物理学で心を揺さぶるようなニックネームをつける才能を再び発揮したのだろうか？　あるいは、若い大学院生やポスドクが会期中、廊下での立ち話でふざけて使ったのだろうか？

一九六三年一二月一六〜一八日に行なわれたテキサス・シンポジウムの一週間後、クリーヴランドで開催されたアメリカ科学振興協会（ＡＡＡＳ）〔一九六三年一二月二六～三一日〕で、再びブラックホールという言葉が使われた。『サイエンス・ニューズレター』誌のアン・ユーイングが報じているところでは、会議に参加していた天文学者と物理学者らは「宇宙には〝ブラックホール〟が散らばっているかもしれない[53]」と示唆していた。その言葉を使っていたのは、ゴダード研究所の物理学者ホン・イー・チウ（丘宏義）であった。彼は、ユーイングが取材していたセッションの運営にあたっており、テキサス・シンポジウムにも出席していたのだった。チウはクエーサーという用語も作っており、ブラックホールも彼が一般に広めた造語だったのか？　違う、とチウは言う。彼はブラックホールという言葉を当初から、その名をつけたらしい人物から拝借したのだという。

一九五九年から一九六一年まで、チウはプリンストン高等研究所のメンバーであった。そして、プリンストンの物理学者で実験にも重力理論にも詳しかったロバート・ディッケがあるシンポジウムで話をしていたとき、一般相対論を使うと、どのようにして恒星の完全なる重力崩壊が、光さえ出てこられなくなるほどの強力な重力場を作り出せるのかについて説明していた。「驚く聴衆に、彼は冗談でそれを〝カルカッタのブラックホール〟のようだ[54]」と言ったとチウは思い起こす。二年後、チウがゴダード研究所で働き始めたとき、彼はディッケが訪問先での講演で、何気なくその言葉をまた使っているのを聞いた。このように、ディッケがこの言葉を科学の世界に持ち込んだのかもしれない。ディッケが気に入っている表現の一つであった。というのは、まったく異なる状況で家族といるときでもその言葉をよく使っていたからだ。彼の息子たち[55]は、家のものが何か見当たらなくなったりなくなったりしたとき、きまって「カルカッタのブラックホール！」と声をあげていた父を覚えているという。

ホイーラーがこのような、以前からの使用を知らなかったとしても、A・M・サリヴァン作の「ミュージック・オブ・ザ・スフェアズ」という詩には影響を受けたのではないか。それは、一八世紀の天文学者ウィリアム・ハーシェルに題材を得た作品だった。一九六七年八月二六日の『ニューヨーク・タイムズ』紙に掲載され、それは、ホイーラーがニューヨークのAASで話をする数ヵ月前のことだった。

ハーシェルは遠眼鏡をのぞき
天を探っていた
オリオンのベルトのそばで
彼は驚き震えた
混沌のブラックホールよ

そのフレーズに触発されたにせよ、ホイーラーはブラックホールの名を科学用語にした名誉に値する。専門分野でのホイーラーの評判があればこそ、科学コミュニティがすんなりとその用語の使用を受け入れたのだ。「ほかにいい名前がなかったかのように、あるいはこの名がぴったりの名だとすでに同意していたかのように、誰もがブラックホールという適切な名前を使い始めた[56]」と、かつて彼の学生だったキップ・ソーンが言っている。

ホイーラーの戦略は驚くほどうまくいった。一九六七年、彼がニューヨークで話をした年に、ブラックホールという表現は新聞や科学文献でも徐々に広まっていった。当初は引用符とともに「ブラックホール」（"black hole"）と書かれ、近寄りがたい風変わりな印象[57]を与えていた。

リチャード・ファインマンのような一部の研究者らは、この用語を不愉快に思っていた。「彼は私を品がないと非難した[58]」とホイーラーは言った。しかし、ホイーラーは、黒体（ブラックボディ――入射する放射すべてを吸収し、また完全に放射するような理想物体）のような別の物理用語との関連性にも惹かれていた。ブラックホールは、その前者〔入射する放射すべてを吸収〕ではあるが後者ではない。何も出てこない、誓って何も。のぞきこんでも、ただ暗い空間しか見えない。「このように、ブラックホールというのはぴったりの名前だ[59]」とホイーラーは結論した。さらに、物理的状況にも当てはまっている。密度無限の特異点は、文字通り穴を、時空の織物に底なしの穴を掘ることだった。ある種、宇宙の宿命のように、その名はブラックホールを提唱し始めた人物に敬意をはらうことにもなった。というのは、カール・シュヴァルツシルトの「シュヴァルツ」はドイツ語で「黒」の意味だったからだ。

「一九六七年のブラックホールという用語の出現は、学術用語上はささいなことかもしれないが、心理学的には強烈なものがあった[60]」とホイーラーは言う。「その名が導入されてから、いっそう多くの天文学者や天体物理学者がブラックホールが想像上の虚構ではなく、時間と費用をかけて研究する価値のある天体であるという認識を持つようになった」。ブラックホールの時代がとうとうやってきた。好奇心をそそる名が、以前にはなかったようなおもしろい個性を天体に与えることになった。

チャンドラセカールさえ、ブラックホールの研究に戻ってきた。笑われることもなく安心して取り組める状況になったのだ。エディントンとの忌まわしい騒動以来、彼は四〇年近く離れていたのだ。一九七〇年代半ばまでには、もはやブラックホールはチャンドラが昔考えていたような活気のない天体ではなく、活動的で回転を伴う存在となった。大量の物質を呑み込むと、ブラックホールの事象の地平線は揺さぶられる。ブラックホールの研究に戻って八年、チャンドラはその分野で決定的な著作の一つとなる本を書いた。『ブラックホールの数学的理論』は、ブラックホールの振る舞いを研究する上で必要となるさまざまな技法が手際よくまとめられていた。今日も、物理学部では古典となっている。

第 10 章

中世の拷問台

ホイーラー

ブラックホールの研究は、ホイーラー、ゼルドヴィッチ、ソーンなどの指導のもとに進展していった。そのおかげで、ブラックホールの奇妙な特性がすべて明らかにされ、理論家たちによって詳しく研究されることになった。天体物理学者は「ブラックホール熱」にかかり、「感染」は広まっていった。「こんなことわざが中国にある。一〇年前に東へと流れていた川が、一〇年後には西へ流れている。物事は期待通りには変わらない。突然、ブラックホールが巷の話題に上るようになった[1]」と現在のホン・イー・チウ〔丘宏義〕は言う。彼はかつて中性子星やブラックホールを支持したため、「変人」とレッテルを貼られていたことがある。

一九六九年、ビジネスや研究の動向に敏感とされる雑誌『フォーチュン』は、「天文学、天体物理学、宇宙論、そして相対論研究の分野を志す科学者や大学院生が急増[2]」と報じている。しかも、一般相対論は他のほとんどの分野よりも急増していた。その頃までには、相対論物理学を専門とした研究拠点が、モスクワ、パリ、シラキュース大学、メリーランド大学、ノースカロライナ、プリンストン、バークレー、カルテック、そしてケンブリッジ大学に設立されていた。物理の優秀な学生はこうした研究所に群がった。「当時、素粒子物理学は混乱状態にあった」とMITの物理学者アラン・ライトマン（当時、ソーンのもとでブラックホール物理を研究し、博士号を取得した）は振り返る。「強い相互作用について何十種類もの理論があったし、新たな何百もの素粒子が見つかり、まるで混沌としていた[3]」。一般相対論はとりわけ魅力的だった。というのは、当時はまだ、志す者が多くなかったのである。また、一九六七年の中性子星の発見で、ブラックホールなど高密度星の存在を信じる者が増えたことも理由に挙げられる。

雑誌や新聞で毎号のように、恒星サイズのブラックホールのそばで起こる驚くべき現象の科学記事

（妙に楽しい）が載り始めたのも、その頃だった。ブラックホールは「宇宙で最も暗黒な謎」、「恒星の眩惑するような死の発作」、「物理学を食うもの」、「宇宙の掃除機」、さらには「宇宙のバミューダトライアングル」などと言われた[4]。「こうした概念は物理学者によって作られた。宇宙で〝ブラックホール〟ほど奇怪なものはない[5]」と『ニューヨークタイムズ』紙の科学編集者、ウォルター・サリヴァンは一九七一年に書いている。

一般の関心事になり、テレビの深夜番組や新聞紙上でジョークになると、たちまちブラックホールは社会現象となった。ＳＦ雑誌『アナログ』誌上に出た偽の広告で、七色に装飾された「ブラックホールごみ処理装置[6]」が無制限にごみを吸い込む、というのがあった。Ｔシャツには「ブラックホールは見えない[7]」という文字が書かれた。

一方、理論家は物理学的にユーモアを発揮した。彼らは冗談で、事象の地平線を通過したら、まずは足が「麺類[8]」のように伸ばされていくと語っていた。古典的な一般相対論の見地から（もう一つの見方は量子論的見地。これについては第12章を参照）、一度事象の地平線を通過すると、もう後戻りはできない。前方には、ただブラックホールの中心があるだけ。落下していくほど、その重力は強くなる。あまりにも急激に強くなっていくため、頭に働く重力よりも足元に働く重力の方がはるかに強い。このため、あなたの体は麺類のように伸ばされ、同時に、横方向に圧縮されてしまう。これは、月が地球の海洋を引っぱり、潮の満ち干を起こす潮汐力の場合と同じ現象である。しかし、ブラックホールの場合は、潮汐力が途方もなく強い。恒星サイズのブラックホールでは、一〇〇〇分の一秒以下という瞬く間に、あなたの体は細胞にまで分解され、細胞は原子に、原子は基本粒子に、基本粒子はクォークに、クォークはまだ未解明のものへと分解していく。最終的な分解破片が何であれ、すべてはブラックホールの中心にある限りなく高密な特異点へと流れ込み、圧縮され、もとの存在は何であったかはわからなくなる。ホイーラーは、ブラックホールという井戸の深淵に位置するこの終局の存在を「物質なしの質量[9]」と表現するのが好きだった。

こうした状況はブラックホールの質量によって変わっていき、大食家の胴回りのごとく、多くの質量が呑み込まれるにつれ、事象の地平線が拡大していく。ブラックホールの全質量が十分な大きさになると、あなたは事象の地平線を通り越したことに気づかないかもしれない。ブラックホールの事象の地平線とは、固い表面を持つようなものではなく、国境線や行政区画のような見えないものである。宇宙飛行士は、ほとんどの銀河の中心に潜む太陽質量の数百万や数十億倍という超巨大ブラックホールの事象の地平線に接近しても、とくに何も感じることなく、虚ろな空間をただ通過するだけである。しかし、ついには、潮汐力が強く働き出し、ゆっくりと、頭と足が引っぱられ胸が圧縮される。それはまるで中世の拷問台のようである。太陽質量の五〇億倍[10]のブラックホールの場合、事象の地平線から最終的な粉砕まで、約二一時間しかかからない。

ホイーラーは講義の中で、事象の地平線と、崖から落ちて下の岩まで落下するプロセスのスタート点(壊滅ポイント)との違いを話すのが好きだった。「最初は、崖はなだらかな傾斜で、近づいても安全だが、ふちまで近づいていくと、気づかないうちに斜面にはよく滑る草が増えていく。すると、靴が前の方に滑り出す。そして、まだふりかかっていない災難を、もはや避けることができなくなったことに気づく。人目につかない場所にある油断ならない折り返し禁止マーク。同様にそれは、ブラックホールの人目につかない事象の地平線を象徴し、崖の下の岩は、消滅点を象徴している[11]」。

なぜ、あなたは脱出できないのだろうか?　事象の地平線というのは、そこでは、物体が光のスピード（秒速約三〇万キロメートル）まで加速を受けているからで、このスピードは地球脱出に必要な秒速一一キロメートルよりもはるかに速い。この事象の地平線をいったん通過してしまうと、もう出口はない。まわれ右をして光より速く突っ走らなければならない。アインシュタインによれば、それは不可能ということになる。そんなことをするには、エネルギーがいくらあっても足らない。したがって、ブラックホールはしっかりとあなたを捕まえてはなさないのだ。

アインシュタインが時間と空間は相対的なものだと言明したとき、このことが最も明瞭に表われているのがブラックホールの世界であった。何度となく立証された一般相対論からの帰結の一つが、強力な重力場では時間がゆっくりと流れるというものだ。重力の井戸の深みから這い上がって出るには、相当な時間が必要になろう。ドライブやハイキングにも役立っているGPS衛星について、実際、以前から言われていたように衛星に積まれる時計は、地球上の時計よりもわずかに速く進む。地上では、重力がより強く働いているからだ。宇宙で最強の下水口であるブラックホールでは、この効果が極端に表われる。

あなたが、崩壊する恒星の表面に奇跡的に座っていることができたとしよう。恒星が事象の地平線に吸い込まれブラックホールになる直前、あなたは腕時計を見ていたとすると、まずは普通に時が進んでいく。一秒後に振り返って宇宙に目を転じると、宇宙全体が数十億年経過している。宇宙の未来が準光速で過ぎ去っていく。でも、遠くからあなたを見ている者はかなり違った光景を見ている。ブラックホールの強力な重力場から離れたところにいる観測者には、あなたが永久に事象の地平線の中に入れないように思えてしまう。もちろん、あなたにとってはそんなことはありえない。あなたの時間では、あっという間にあなたは死んでしまう。しかし、あなたを遠方から観測している者には、あ

644km ほどの距離から見た恒星サイズのブラックホールの図。背景には銀河系の星々。星の光が私たちの目に届く前に、ブラックホールの強力な重力場によって、曲げられ延ばされている。(Ute Kraus, Universität Hildesheim, courtesy of Wikimedia Commons)

なたは事象の地平線のふちにじっとしているように見えるのだ。永久に若いままで、永久に全面破壊から逃れている。遠方のその観測者から見ると、ブラックホール付近の時間は事実上止まっている。ロシアの理論家たちが当初、ブラックホールを凍結星と呼んだのも当然である。実際、この天体は遠方の観測者からは暗黒のように見えるが、天体から出た最後の光波は、無限に長く伸ばされるため、私たちの目には見えないということになる。

ブラックホールを凍結星と見る考えは、天体物理学者の信念にしばらく影響を与えていた。ブラックホールは、今日の我々の宇宙には何ら影響を与えていないと見なされてきたのだ。私たちの時間の座標では、その星は本質的に化石化した天体であり、私たちに何ら影響を及ぼさないと思われた。「こうした見解が優勢である限り、物理学者はブラックホールが活発に進化し、エネルギーを蓄積し放出する天体であることを理解しなかった[12]」と、リチャード・プライスとキップ・ソーンはブラックホールの本の中で説明している。

天文学者は、最初はクエーサーから、そして次に銀河系にある恒星のブラックホールを発見して、〔ブラックホールが活動的であることを〕理解し始めた。

第11章

スティーヴン・ホーキングは一般相対論やブラックホールに多額の投資をする一方で、保険をかけることも忘れていなかった

ホーキング、ソーン

銀河系内にブラックホールを探す観測が始まるまでには、しばらく時間がかかった。探し出す価値だけでなく、探し当てることが可能であるという確信も必要だった。一九三〇年代のオッペンハイマーの時代なら、ブラックホールは完全に理論上の問題であった。オッペンハイマーはわざわざ探そうとはしなかった。なぜか？　重力崩壊した天体は見えないということを彼は証明していたのだ。当時の天文学者は、それ以上の興味を持たなかった。死にゆく恒星の崩壊について議論することはばかげたこととされていたのだ。恒星はそれほど単純には振る舞わなかった。

それに対して、ホイーラーは中性子星やブラックホールを、宇宙にある現実のものと考えるようになった。しかし、彼とて、最初は中性子星やブラックホールを探し出す可能性については考えが及ばなかった。彼が一九六四年に、中性子星に関する『重力と相対性理論』という本のために書いた論文では、彼が言うところの「超高密度星」について「そのような微かな天体を見ることはほぼ不可能だ。太陽系外惑星を見るようなものだ[1]」としている（もちろん、現在では、中性子星も太陽系外惑星も日常的に観測されている）。しかし、一九六四年当時は、そうした技術は空想すらできないほどだった。そして誰もまだ、高速自転に伴って中性子星が強力な放射を極域から出すことを思いつきもしなかった。観測された電磁波のスペクトルは、電波からエックス線に及んでいた。

ところが、ゼルドヴィッチらのチームは、すでにブラックホール観測の問題に取り組んでいた。どうやって見えないものを見たらいいのか？　暗黒の宇宙を旅する暗黒天体をどうやって検出することができるのだろうか？　まず、彼らは一八世紀のジョン・ミッチェルが述べたアイデアを拝借した。つまり、前後に揺り動かされている明るい恒星を探すのだ。見えない伴星が主星を回りながら軌道上から主星を引っぱっているからだ。もし、伴星がまったく光を出していなくても重力を測定すれば、その質量が太陽の数倍以上ということがわかる[2]。となれば、それはおそらくブラックホールに違いない。ゼルドヴィッチはオクタイ・グセイノフという天文学専攻の大学院生を使って、連星カタログから候補となる天体を徹底的に探させた。一九六六年までに五つの候補が見つかり（『アストロフィジカル・ジャーナル』に掲載された彼らのレポートでは、崩壊しないように十分な質量を失うと主張していた天文学者らに軽いジャブをくらわした。そう、ソ連の研究者らは、恒星が物質を失うことがあっても、それは、白色矮星になるのを回避したり崩壊を回避することとは関係ないと考えていた[3]）、天文学者のヴァージニア・トゥリンブルと研究を行なっていたキップ・ソーンは、その後八つの追加候補を見つけた[4]。しかし、結局はいずれの候補も該当しないことがわかった。伴星が極めて弱い光しか出さない天体で、ブラックホールではなかったのだ。必要なのは、ブラックホール探しができる新たな道具だった。

さいわい、ゼルドヴィッチと同僚のイゴール・ノヴィコフは、数年もしないうちにブラックホールの真相をあばく別の方法を見つけ出した。彼らは、クエーサーの場合ですでに言及した降着プロセスというものに注目した。明るい恒星の周囲をブラックホールが回っているとしよう。恒星表面からは恒星風という形でガスが出ている。さらに、ブラックホールは相手の恒星の外層大気をはぎとってしまうかもしれない。結果的に、一部のガスがブラックホールに達し、強力な重力場にとらえられる。このガスがブラックホールに向かって落ちていくにしたがって、ガスの原子同士が激しくかきまぜられ衝突し合うため、数百万度という高温になる。また、このプロセスでは、可視光ではなくエックス線がおびただしく放射される。宇宙の暗黒を背景にしてブラックホールは見えないのであるが、周囲への影響から存在がわかるはずである。（クエーサーの場合のように）ブラックホールを包むすさまじいエネルギーのエックス線で輝き、ブラックホールの存在が明らかになる。[5] 連星における「ブラックホール」探しのこの方法を、のちにゼルドヴィッチやノヴィコフが書いている。「街灯柱の灯りで、なくした鍵を探すという、よくあるケースを思い出す。鍵は見つけやすい場所で探すものだ[6]」。明るいエックス線源を探すのは、揺れ動く恒星を探して恒星カタログをしらみつぶしに当たっていくより楽なことだった。さいわいにも、同じ頃、ソ連の二人の研究者がこうした認識を持つようになった。エックス線天文学は、宇宙を研究する新たな手段として急速に進展していった。

*

エックス線天文学は、その誕生時点では悲運のもとにあったも同然だった。第二次世界大戦後まもなく、アメリカ海軍研究所の研究者は、未使用のV‐2ロケットを使ってはるか上空に観測装置を上げ、太陽からくるエックス線をとらえた。そのような短い波長の電磁波は地上では検出できない。エックス線は分厚いものでなければ物質を簡単に貫通してしまうが、大気中で完全に吸収されてしまうのである。その波長は非常に短く、原子の大きさくらいしかない。こうしたパイオニアたちが検出した太陽からのエックス線は、素人の観点では非常に強力なものであるが、宇宙線としては比較的弱い方である。一九四八年の発見に基づいて見積もったところ、遠方の恒星からのエックス線は地球に到達したときには非常に微弱になっており、太陽からのエックス線の一〇億分の一になっているということになった。そのような微弱な信号の検出は一九五〇年代の技術では無理で、追求するのは無駄に思えた。

ところが、一九六〇年代前半、アメリカは宇宙からソ連の核実験を検知しようと、エックス線検出器の改良を急いでいた。そうした爆弾はかなりのエックス線を放出するのだった。一八歳のリカルド・ジャコーニは、フルブライト奨学金による留学生としてイタリアからアメリカにやってきた。彼は、アメリカでアメリカン・サイエンス・アンド・エンジニアリングという民間研究企業の物理学者として働いた。努力により頭角を現わしてきた彼のチームは、エックス線を検出する新しい装置を製作した。アメリカの一連の核実験で完璧なまでの検出成果を示し、同じ検出器が宇宙に向けられるまでにそう時間はかからなかった。

ある特殊なロケットの打ち上げが状況を大きく変えることになり、エックス線天文学が誕生することになる。満月の明かりのもと、[7]一九六二年六月一八日の午前零時まで一分となったとき、ロケットは打ち上げられた。ジャコーニは同僚のハーバート・ガースキー、フランク・パオリーニ、ブルーノ・ロッシとともにロケットに観測装置を積み込んでいた。三つの大型ガイガーカウンター[8]を小型の「エアロビー」ロケットに積み込み、ニューメキシコ州南部にあるホワイトサンズ・ミサイル実験場から打ち上げたのだ。高度二二五キロメートルに達したあと、ロケットは地球に回収された。検出器のうち二つは、ロケットの長軸のまわりに自転することにより一秒間に二回空を走査し、三五〇秒分の有益なデータが得られた。天文学史において、最も実りある六分間であった。

それは、アメリカが一〇年以内に月に人間を着陸させるという長期目標に向かって本気で取り組み出したときでもあった。ジャコーニと同僚らは月からのエックス線観測を計画していた。強烈な太陽風が月面にぶつかり、それによりエックス線が発生していると彼らは考えていた。さらに、そのエックス線のスペクトルが得られれば、月面の組成を決定する役に立つと期待された。しかし、ジャコーニとロッシは、太陽系外からのエックス線は超新星残骸のような天体から出ているのではないかとだいぶ以前から予想していた。我々は「支援を得られるよう努めた。……率直に言って、可能ならどこからでも[9]」とジャコーニは言った。深宇宙からのエックス線を探すということではNASAの助成金を得ることができなかったが、抜け目ない二人は、ロケットが宇宙空間に出ている間に天体観測をするということで、アメリカ空軍が財政支援している月観測を利用させてもらうことにした。

短時間の飛行中、月からのエックス線はとくに観測されなかったが、ロケットチームは落胆などしなかった。それどころか、はるかに興味深いものを発見したのだ。それは彼らが長い間望んでいた新奇な信号と言っていいようなものだった。ロケットに積まれた検出器は、さそり座方向からやってくる強いエックス線をとらえたのだ。それ以後、このエックス線源はさそり座X‐1〔エックス・ワン〕と呼ばれるようになった。さそり座領域に発見されたエックス線源第一号という意味である。さそり座X‐1は、地球から約九〇〇〇光年彼方にあり、想像を超える強さのエックス線を出していた。太陽の出すエックス線よりも強力だった[1]。通常の恒星が出すエックス線よりも数百万倍も強力なエックス線だった。当初、ロケットチームは、装置が故障してありもしない信号を検出したのではないかと疑ったほどの強さだった[10]。科学界からは慎重な態度で受け取られ、確認を求められた。

さらなるロケットの打ち上げで、さそり座X‐1と似た別の天体も次々と見つかり、その存在は確認された。一九七〇年代初頭から、天文学者がエックス線検出器を衛星に積んで軌道に上げた。さらに多くのエックス線源が見つかった。こうした進歩した道具立てを使って、天文学者らは、強力なエックス線源が連星系を成す中性子星であることを知った。エックス線は、可視光でも見える普通の恒星からの物質が引き出され、伴星である中性子星の超高密度の表面に注ぎ込むことで発生しているものだった。こうした中性子星の多くが、高速自転に伴い周期的にエックス線パルスを出しているようだった。エックス線の「ホットスポット」は中性子星の両極にできており、物質はそこで磁力線に沿って流入する。灯台の回転ランプのようにエックス線が両極からビーム状に出ており、その回転ビームが視野に入らなければビームは観測されない。中性子星の発見は重要なターニングポイントになった。中性子星が、電波パルサーであれエックス線源であれ、銀河系中に存在している証拠が積み上げられていった。それによって、天文学者らがブラックホールも存在することを思い切って受け入れる素地が作られた。「パルサーの発見は、はけ口を開いた[11]」と当時のキップ・ソーンは記した。天文学者は積極的に「宇宙におけるブラックホールの役割を考えることも含めて、理論家の頭にある込み入った思考をいくらかでも真剣に受け止めるようになった」。

それは、エックス線源の一つが、それ自体一つの分類種別であることがわかってきたときに現実となった。一連のロケット飛行の一つが一九六四年にあったが、そこで登場したのがはくちょう座X-1だった。北十字として知られるはくちょう座に見つかった天体であった。それまでは、別の複数の研究グループがそれぞれロケットで観測を行なっていたが、彼らは別個にはくちょう座X-1に異なる強さのエックス線を観測していた。なぜだろうか? 〔一九七〇年末打ち上げの〕最初のエックス線天文衛星「ウフル」による観測で、一九七一年、はくちょう座のこの明るいエックス線源は異常であることが明らかになった。他のエックス線源のように規則正しくエックス線パルスを出しているのではなく、不規則な変動を示していたのである。パターンのようなものは認められなかった。信号が一秒の数百万分の一[2]くらいの周期で変動することもあった。これは、エックス線源が何であれ、かなりコンパクトな大きさであることを意味していた。もし、エックス線源が通常の恒星くらいの大きさなら、エックス線の変動はもっと長い周期になる。

その年の三月、ルイジアナ州ベイトンルージュでアメリカ天文学会の会議があり、ジャコーニは大胆にも、はくちょう座X‐1がブラックホールかもしれないと示唆した。多くの中性子星がかなりの確実性をもって発見され、ブラックホールの存在が真剣に考慮されるようになっていた。ジャコーニの発表後、『ニューヨーク・タイムズ』紙の見出しには二〇ページ目のトップ記事として派手に書きたてられていた。「エックス線観測衛星、宇宙に〝ブラックホール〟発見か」[12]。〝……〟という書き方に注目してほしい。ブラックホールは一九七一年当時、まだ真実としては奇妙すぎたのだ。

電波、可視光での観測[13]から、ついに、はくちょう座X‐1の正体が突き止められた。はくちょう座X‐1の強力なエックス線は、連星系から来ていた。(ヘンリー・ドレイパー星表の番号でHDE226868という味気ないような名前の)青色超巨星と、見えない暗黒の伴星が接近して回り合っていた。軌道周期は五・六日。その軌道に対しニュートンの法則を用いると、見えない伴星の質量が太陽を上回っていることが判明した。一九七二年後半までの測定から、その質量は太陽の一〇倍以上あるらしいとわかってきた[14]。その質量では、中性子星としては重すぎるということで、有力な候補はブラックホールということになった(現在の見積もりでは、太陽質量の約一五倍)。見えないこと、巨大な質量、さらにエックス線の変動の速さからサイズが小さいということも合わせると、かなり確実にブラックホールであるとされた。こうして、はくちょう座X‐1は天文学の重要参考人となった。

もしもあなたが何らかの方法で、はくちょう座X‐1の上空約六千光年離れた場所に浮かぶことができたら、巨大なガスの渦巻きが見られるだろう。観測から判断されることだが、ブラックホールは相手側からどんどん物質を吸引し、自分の周囲にガスの円盤を作っている。この円盤は、重力と遠心

はくちょう座X-1のブラックホールのイラスト。伴星の大気からガスを奪い取っている。そのガスは、時空にできた排水路のような軌道をまわり、大量のエネルギーを放射しながら、ブラックホールへのみこまれていく（NASA/CXC/M. Weiss)

力によって平板な形になる。地球を回る人工衛星のように、周囲を回る物質は、ブラックホールに直接落下することはない。時空にできた排水路を、きついらせんを描いて回るのである。このようすをかつてホイーラーは、あらゆる方向からスポーツスタジアムに向かって車が集まっていく状況になぞらえた。

そして、確実な結末がある。ガスがぎゅうぎゅうに圧縮されていき、温度が猛烈に上昇していくと、温度は数千万度にもなる。こうした高温のガスはエックス線で多量のエネルギーを放射するようになる。これが、エックス線望遠鏡がとらえたものであった。物質が重力の深淵に吸い込まれ、我々の視界から消える前の現象である。円盤のふちから事象の地平線までの数百万キロメートルをガスの塊が移動するには、数週間、あるいは数ヵ月かかるかもしれない。しかし、最後の瞬間、ガスはブラックホール周囲を一秒間に数千回も回るようになる。おそらく、エックス線の急激な変動はこのときに起こっているものらしい。

もちろん、このシナリオには、定式化や証明に手間がかかっている。はくちょう座X-1はブラックホールではないかと最初の主張が行なわれた際には、かなり覚悟が必要であった。ほとんどの天文学者から「証拠」を求められた。反論の余地がないというより、多くが状況証拠で、点と点を結ぶゲームのようだった。

はくちょう座X-1がブラックホールではないかという考えは、極めて興味深いものであると同時に、論争を招く内容でもあった。スティーヴン・ホーキングとキップ・ソーンが一九七四年一二月にカルテックで、はくちょう座X-1は本当にブラックホールなのか否かで破廉恥な賭けをしたほどだった。ホーキングは「ブラックホールではない」方へ、ソーンは「ブラックホールである」方へ賭けた。賭けの合意文は便箋一ページに書きとめられた。負けた方は、相手に米英の男性向け雑誌を送るというものだった。文面は以下のようだ。

スティーヴン・ホーキング(15)は一般相対論とブラックホールに多額の投資をしており、保険を望むがゆえに、また、キップ・ソーンは保険なしのリスクある生活を好むがゆえに、右決議する。

はくちょう座X-1には、チャンドラセカール限界以上の質量のブラックホールがないということに、是とするスティーヴン・ホーキングは、『ペントハウス』一年分の購読料を賭け、否とするキップ・ソーンは、『プライベート・アイ』四年分の購読料を賭ける。

気前の良さから判断して、ソーンは四倍自信があったと見える。

証明は遅々としていたが、エックス線天文学の進展が役立った。ウフル衛星の後継機となったのは、一九七八年に打ち上げられた世界初のエックス線望遠鏡を積んだ衛星だった。放射線カウンターが単に信号の強さを記録するのではなく、アインシュタイン衛星にはエックス線の像を結ぶ入れ子構造の多層エックス線ミラーが組み込まれていた。これにより地上の光学望遠鏡のように鮮明な像を結ぶことができた。ソーンによれば、一九九〇年までには、はくちょう座X - 1は九五パーセントの信頼度でブラックホールに違いないとされた。ホーキングを降参させるには十分だった。「一九九〇年六月のある晩遅く[16]、私はモスクワにいてソ連の同僚と研究をしていたときだ」とソーンは詳しく語っている。「スティーヴンと付き添う家族やナース、そして友人らが、カルテックの私のオフィスにやってきた。フレームに入った賭けの合意文を見つけると、容認したという通知と確認のしるしにスティーヴンは拇印を押した」。ソーンがペントハウス購読料を勝ち取ったことに、ソーンの妻、キャロリー・ウィンスタインはあきれていた。

*

天文学者がクエーサーや電波銀河を、可視光、エックス線、とりわけ電波で調べていたとき、ブラックホールが存在するさらに強力な証拠が宇宙のはるか遠方からやってきた。

可視光で観測された写真では、電波銀河は何ともつまらない様相に写る。しかし、電波望遠鏡では、先に示したように驚くべき構造が現われる。可視光では不鮮明な銀河でも、電波ではその両側にある大きなローブから電波が出ていることがわかるのだ。両腕に通す浮袋のようなこれらのローブは、可視光で見える銀河の端を越えて数十万光年も伸びている。一九七〇年代初期、マーティン・リースやロジャー・ブランドフォードなど何人かのイギリスの理論家たちは、ある種の巨大なプラズマビームが、ローブの中にエネルギーを送り込んでいると結論した。

このプラズマビームの流れをとらえたいという要求が、さらに大きな電波望遠鏡ネットワーク、超大型干渉電波望遠鏡群〔VLA〕（現在、ジャンスキー超大型干渉電波望遠鏡群として知られる）を建設する動きに拍車をかけた。二七基の電波望遠鏡がニューメキシコ州の平原にY字形に配置された。それらはあたかもダラス市サイズの一つの電波望遠鏡として機能させることができる。そうした干渉計のパワー、分解能によってイギリスの理論家たちの予想が裏付けられた。電波でとらえた画像では、ケーブルのような構造が電波銀河の核からそれぞれのローブに伸びていることがわかった。二本の細いビームは、高エネルギー荷電粒子でできており、銀河核から正反対の両方向へ噴出しており、そのスピードは秒速数万キロメートルというものだった。

消火ホースからのすさまじい水流のように、こうした宇宙のジェットは銀河間空間に見られる希薄なガスのなかに突入していく。そして、レンガの壁にぶつかるように密度の高いガスの領域にぶつかる。そこではジェットの粒子が滞るようになり、巨大なローブを形成する。

となると、当然出てくる疑問は何がこうした宇宙ジェットを維持しているのか、ということだ。理論家たちは非常に特殊な機構が働いていることでは一致していた。まず、ジェットが数百万年もの間、一定の方向に向いていることからエネルギー源はたいへん安定しているということがわかる。電波観

地球からおよそ5000万光年彼方にある巨大な楕円銀河M87。その中心に位置する超巨大ブラックホールから流出する電子や陽子などからなる強力なジェット（NASA and the Hubble Heritage team at the Space Telescope Science Instutute and AURA）

測で得られた「画像」が鮮明なため、銀河の中心部を拡大して調べることができた。そこには、数日あるいは数週間で明るさが変動する光点があり、〔変動周期から〕太陽系程度の大きさであることが示唆された。しかも、このエネルギー発生源から相対する二方向へのジェットとしてエネルギーが放出されているに違いなかった。

条件すべてを満たすエネルギー発生源として唯一考えられるのは、太陽の数百万倍から数十億倍の質量が崩壊してできる自転するブラックホールであった。銀河の中心部では、まず、太陽のような多くの恒星が異常に密集した星団が容易にできたのではないか。さらに、ビッグバンで作られた初期の水素とヘリウムから成るこうした第一世代の恒星には、のちに作られる重元素が欠けていたが、質量が非常に大きな天体であった可能性が高い。〔質量が大きいがゆえに核燃料消費も激しく〕短期間でブラックホールになってしまうこともあっただろう。重力によってこれらブラックホールが合体し、一つの巨大ブラックホールになることもあっただろう。それらは長年にわたり、接近する恒星やガスを呑み込み成長を続けた。

あるいは、無数の「ベイビー」銀河が、積み木のように重なり融合しながら、一つの巨大銀河になったのかもしれない。信じがたい高密度に集積する中心部に大量のガスが向かっていく。ガスがあまりにも高密度になり、もはや恒星にはなることができず崩壊し、ブラックホールになり、こうして超巨大ブラックホールのもとになったのかもしれない。超巨大ブラックホールの最終的なサイズは、銀河の中心部にあるバルジの質量に依存するようである。天文学者はその直接の関係を発見した。バルジの質量が大きくなるほど[17]、中心にあるブラックホールの質量も大きくなる。

超巨大ブラックホールがどのようにしてできたかにかかわらず、理論家はただちにそうした天体が活動銀河の最も効率の良いエネルギー源であることを知った。重力の深淵に物質が投げ込まれたとき、物質の粒子は光速近くまで加速される。そのような重力モーターは、核燃料エンジンの一〇〇倍も多くのエネルギーを発生させる。

疑問がわくかもしれない。「しかし、なぜブラックホールは入ってきたものをすべて呑み込まないのか？　どのようにして、ブラックホールから脱出できるエネルギーがあるのか？」。その答えは、ブラックホールの周囲に見つかる。すでに述べたように一九六〇年代を通じて、ヤーコフ・ゼルドヴィッチやイゴール・ノビコフ、そしてエドウィン・サルピーターなど数人の理論家たちや、イギリスの天体物理学者ドナルド・リンデンベルらは、恒星やガスがブラックホールの強力な重力によって引っぱられて、ブラックホールの周囲にドーナツ状のリングを形成することを理解していた。[18]先に述べたはくちょう座X－1を取り巻くものと同様に、多量の水が排水口のまわりに渦を巻くように、落下していくガスが、超巨大ブラックホールのまわりに「降着円盤」を形成する。この円盤はブラックホールと同じ向きに回転する。ブラックホールに向かって物質がらせんを描きながら落下する。その大渦巻からものすごい量のエネルギーが、放たれ、物質は重力によって引き裂かれる。ブラックホールの忌まわしい一方通行となるポイント（事象の地平線）にはまだ届かない過剰なガスは、磁力によって向きを変えられてしまうかもしれない――じょうごを使って、ドーナツの上や下にクリームを注入するときのような、磁気的なじょうごがジェットが噴出する原因になっているのかもしれない。

あるいは、銀河の超巨大ブラックホールの回転エネルギーから相当な量のエネルギーが抜き取られているのかもしれない。この場合、ブラックホールは宇宙規模の発電機と見なされる。この考えでは、磁力線は円盤のガスから出て、自転するブラックホールの外側の表面を通して、自転とともに渦を巻くようになる。信じがたいほどの自転により、ブラックホールの北極や南極から出ている磁力線は、メイポール〔五月祭に使われる柱〕のまわりの吹き流しのように、ブラックホールに巻きつくようになる。こうして、磁力線は二つの細い、しかし強力な流出路となる。まるで銀河系発電所の桁外れなスケールのタービンのようだ。この回転する磁場は、巨大な電場を発生させる。その電場によって、各流出路から光速に近いスピードで粒子がビームとなって放出される（もともとは、イギリス出身の理論家で現在はスタンフォード大学のロジャー・ブランドフォードと、ローマン・ズナジェックが一九七七年に発案したモデル）。こうして、エネルギーがブラックホールの高速自転から引き出される。これは、物質をエネルギーに変換する上で、現在知られる宇宙で最も効率の良いメカニズムである。

自転はまた、ブラックホールを一定の方向を維持するための装置、ジャイロスコープとしても機能させることができる。宇宙ジェットが長期にわたり同じ方向に向いているのもこのためである。このモデルは何十年にわたり、多くの理論家によって修正や調整がなされてきたが、ルーツは、アインシュタインの一般相対論のロイ・カーの解であった。時空の中で自転する物体がどのように振る舞うかを初めて示したものであった。

*

今日の天文学者は、昔のクエーサー（その活動的な超巨大ブラックホール）と今日の銀河との間に進化上の関連性を見ている。観測者が見ている距離が遠くなるほど過去の姿を見ていることになり、たいへん明るいクエーサーが多く観測されるようになる。当時は、豊富なガスに覆われ新しく生まれた恒星を多数含むような銀河が活発に作られていたことを意味している。そうした状況下で、超巨大ブラックホールが若い銀河それぞれの中に作られ、そのブラックホールは食べ放題でがつがつ食べるように成長していった。

そうした食糧の供給には限りがあり、ブラックホールはある距離以内のものしかたぐり寄せることができない。天文学者のリチャード・グリーンはかつてこのように言った。「ガソリンメーターが〝ゼロ〟を示し、どこにもガソリンスタンドが見当たらない」[19]。そうして、数千万年から一億年の時が流れ、と言っても宇宙の歴史では短時間だが、クエーサーの花火がついに先細りとなり、活動が低下していく。見かけ上普通の銀河と同じようになる。かつては、クエーサーのような活動はいくぶん稀な現象と考えられていた。しかし、現在の天文学者は、バルジを中心部に持つある程度の銀河はいずれも、中心に超巨大ブラックホールを持っていると見ており、それが昔のクエーサーであり、再び活動的になる場合もあると考えている。たとえば、かなり普通の銀河が別の銀河と衝突することにより、銀河の中心に鎮座する眠れる怪物にガスという餌を供することになり、活動銀河や、強力な電波を発する電波銀河に変身することが考えられている。

私たちの銀河である銀河系の中心にも、かつてのクエーサーであった休眠中の超巨大ブラックホールが存在する。現在、電波天文学者の国際チームが、このブラックホールが周囲の明るいガスを背景に影を投じている画像を得ようとたいへんな努力を続けている。太陽質量の約四〇〇万倍（数十億倍のブラックホールを持つ銀河に比べれば小さい方である）と見積もられているこのブラックホールの現在の活動は低調である。そのエンジンは、近くにあった燃料を取りこんで（つまり、ガス雲がブラックホールに落下していく）、ときには活気づくが、およそ四〇億年前に起こったことに比べれば些細な現象である。怪獣が完全に目を覚まし吠えるようになるのは、銀河系が近くにあるアンドロメダ銀河とゆっくりとした衝突を起こしたときであろう。そうした運命的出会いの終了までには、二つの銀河は合体して一つの巨大な楕円銀河になることだろう。二つの銀河にあったそれぞれのブラックホールどうしも合体することになろう。新たにできたブラックホールには、銀河の衝突で放たれた新鮮なガスが流入して息をのむような光景になるだろう。こうしてブラックホールは、太陽質量の一億倍以上にまで成長すると予想されている。

第12章

ブラックホールはそれほど黒くない

ホーキング

これまでのブラックホールの描写はおよそ完璧とは言えなかった。奇妙に聞こえるかもしれないが、描かれたブラックホールの振る舞いは、実に古典的な数学理論である一般相対論に基づくものだった。考慮していないものが量子力学であった。原子的観点からはブラックホールはどのように見えるのだろうか？　そこが問題で、重力の量子論の定式化には、まだ誰も成功していない。重力以外の力である電磁気力、弱い力、強い力についてはすでに（量子力学的な考え方で）定式化されている。重力だけが取り残された形である。一般相対論と量子論の完全な融合が、理論物理学の最後の大問題となっている。

重力が邪魔者になっているのには理由がある。ほかの力には、量子世界の確率法則が適用される粒子が関係している。これにより、これらの力が一つの大きな数学理論で統一的に扱えるのだ。一般相対論で使われる重要なパラメーターは、（少なくともアインシュタインが定式化した形では）幾何学的なもので、時空の曲率と呼ばれるものである。自然界は、あたかも二つの異なる規則から成っているようである。一つは重力の規則、もう一つは他の三つの力に対応する規則である。一方でうまく使える道具だてが、もう一方では使えない。重力と量子力学は、同じ数学の言葉を容易には共有できないのだ。

こうした困難がありながらも、一九五〇年代と六〇年代、何人かの研究者は次のように感じていた。一般相対論で場のエネルギー化を行なう最良の方法は、長い眠りから目を覚まし、一九三〇年代に始まった試みを再開することだと。つまり、一般相対論に量子論効果を持ち込むことだ。ポール・ディラックやリチャード・ファインマン、そしてブライス・ドウィットといった著名な研究者たちが、重力を別の方法で記述する方向でパイオニア的な努力を重ねた。量子力学的宇宙のあらゆるもの、エネルギー、スピンなどが、分割することができない小片の形で現われる。そこでは、力は、当然ながら量子力学の理論に当てはまる。たとえば、磁力の場合、磁石から出ている磁力線の結果であるが、量子の世界では、力というのは、力を媒介する粒子に変換されると考える——原子より小さい粒子のテニスゲームである。電磁気学においては、この小さなテニスボールは光子（フォトン）で、日常的に荷電粒子間を行き来しており、引力と斥力を発生させている。同じ原理をを重力に適用しようとすると、質量間の引力は、「グラヴィトン」という粒子の放出と吸収が連続して起こることで発生することになる。グラヴィトンはいまのところはまだ仮説上の存在であり、検出されたわけではない。

しかし、このようにして重力を書き換えるには、大きな問題がある。力を粒子として扱う理論が仮定しているのは、原子以下の微小レベル世界でのあらゆる事象が、変化のない固定された時空で起きるとしていることだ。時空は、フォトンなどの粒子の演者が飛び回る舞台である。時空は出演者ではない。ところが、一般相対論では、舞台と演者の区別は存在しない。アインシュタインによれば、重力は時空のまさに幾何学である。したがって、グラヴィトンは同時に演者でも、舞台でもあるということになる。グラヴィトンは時空の舞台に上がり、それにより、舞台を曲げたりワープさせたりする。まるでデザートのゼリーのようにである。この難問に取り組んでいる理論家らは、完全な統一的な解にたどり着くには程遠い状態である。

しかし、ブラックホールはこの問題に新たな視点を提供してくれた。物理分野の若い有望な研究者ら数人がブラックホールの特性を解析していたときだった。スティーヴン・ホーキングもその一人だった。二一歳のとき、ルー・ゲーリッグ病とも言われる筋萎縮性側索硬化症〔ＡＬＳ〕と診断され、ホーキングはせいぜい二、三年しか生きられないと見られていた。彼は、そうしたハンディキャップを半世紀もの間克服してきたのである。オックスフォード大学の学部生だったとき、ホーキングは聡明だが積極的なタイプではないと見られていた。彼自身、不治の病のせいで――若くして死ぬかもしれないという可能性があったので――学問への集中度が増したと感じている[1]。

博士号取得のための研究でケンブリッジ大学に移籍したホーキングは、当時、科学というよりも推測の領域であった宇宙論を専攻することにした。それはあぶない選択だった。それでも一九六六年に博士号を取得し、たちまち業績をあげた。まず彼は、ビッグバンが無限大の密度を持つ質量-エネルギーの集中した一点から生じたように見えるが、そうではないことを証明した。次に彼は、重力と量子力学の間に重要な関連性を発見した。それ以前、この二つの分野は水と油だった。彼のベストセラー『ホーキング、宇宙を語る』の中では、この特別な洞察に至ったいきさつが書かれている。「一九七〇年一一月の晩[2]……寝ようとしていたとき、ブラックホールのことを考え始めたことがきっかけだった。自分の障害のせいで、考えるプロセスもゆっくりしたもので、時間もたっぷりあった」。

こうした思考を繰り返すことで、ついに彼は、物質が吸い込まれるとき、ブラックホールの事象の地平線が常に大きくなる（決して減ることはない）ことを証明した。このことは明らかで、定義によりブラックホールからは何も出てこられないように見られるが、数学的には不確かなことなのである。ホーキングは言う。「時空のどの点がブラックホールの内側か外側かがわかるような正確な定義はなかった[3]」。そこで、ホーキングはそれを定義づけ、翌月、相対論宇宙物理学の第五回テキサス・シンポジウムでその発見を発表した。あの年、シンポジウムはオースティンで開かれていたのだ。ブラックホール研究のセッションは予想外に人気があり、たいへん多くの参加者で、主催者らはそのセッションの会場をもっと大きな講堂に変更したほどだった[4]。

ブラックホールの表面積は常に増大するという事実は、古典物理学のエントロピーの法則のように思えた。エントロピーは、系の無秩序の尺度であり、どれだけ乱雑になっているかということを示している。エントロピーが高いほどひどく乱雑である。物事は放置していれば、エントロピーは常に増大する。かちかちの角氷も融けて無秩序な〔液体の〕水になるが、エネルギーを供給する冷蔵庫なしでは水を氷にはできず、水のままである。同様に、ブラックホールも物質を呑み込むにしたがって事象の地平線の大きさは増大する一方である。決して減ることはない。しかし、ホーキングと同僚たちは、エントロピーとブラックホールのサイズの間の類似性――どちらも増大するのみ――をよいアナロジーとだけ解釈し、実際に関係があるとは考えなかった。

ところが、ジョン・ホイーラーの学生の一人、ヤコブ・ベケンシュタインは、大胆にもエントロピーとブラックホールのサイズの間の類似性は実際に関連性があると結論した。つまり、事象の地平線の面積が実際にブラックホールのエントロピーの尺度になっているというのである。一見したところでは、これは奇妙な考えのように思える。古典的な観点からは、ブラックホールというのは非常に秩序立った存在である。重力によって周囲のものを何でも引きつけ、決して戻すことがない。事実、ブラックホールのエントロピーはゼロなのかどうかと疑問に思う者もいた[5]。ゼロというのは最も組織だった状態を意味している。物質すべてが無限に小さい点に圧縮されたらどうなる?

こうした理解によって、ベケンシュタインに対し、彼の研究は誤った方向に向かっていると警告する者もいた。しかし彼は、のちになって思い起こしたように「〝ブラックホール熱力学はクレージーだ。研究に値するほどクレージーなのかもしれない〟というホイーラーの意見によって慰められた[6]」という。確かにブラックホール熱力学はかなりの注目を集めた。ベケンシュタインが研究中のテーマについてテキサス大学でセミナーをしたとき、「私は気づきました。……優秀な参加者たちは、特定の話題で集まったのではなく、ブラックホール物理学のすごい魅力のせいなのです。そう、ブラックホールは物理学（そして天文学）で最も注目されているものでした。少なからず、ブラックホールのアイデアを広めたあなたの昔の努力のおかげです[7]」と彼はホイーラーに手紙を書いた。

ベケンシュタインは計算を完成させるべく研究を続けた。この若き学生は、ついにブラックホールが温度を持っているということをつきとめた。だが、そこまでがベケンシュタインの限界だった。はじめは、彼ですら、エントロピーとブラックホールのサイズという比較からは逃げ腰だった。ブラックホールは何でも吸い込み続けると誰もが考えていた。何も発しないと。したがって、温度などあり得なかった。温度があるということは、熱として測れる放射を出しているということを意味する。「そのような認識はさまざまな矛盾にぶちあたってしまい、採用できない[8]」とベケンシュタインは一九七三年の論文で結論している。こうして、トップクラスの理論家すべてが、ブラックホールの温度は「明白にゼロ[9]」であると宣言した。

スティーヴン・ホーキングもそう思っていた。彼はベケンシュタインのブラックホールがエントロピーを持つという考えにひどく懐疑的で、その結論は誤りであると証明する論文を発表する計画だった。「ある部分、ベケンシュタインへのいら立ちも動機だった[10]」とホーキングは『ホーキング、宇宙を語る』で書いている。事象の地平線の面積が増大することについてホーキングが以前書いた論文を、ベケンシュタインは誤って使っていると感じていた。「しかしながら」とホーキングは「結局、彼は正しかった」と認めている。

大きなエントロピーでは放射も起こるということに、最初はホーキングは疑念を持っていた。まさに定義により、ブラックホールからは何物も出てこない。それとも出てくるのか? ホーキングはこの問題を追求していくにつれ、ますます関心を持つようになり、ついに理論的な大成果の一つにつながっていく。

ホーキングの見解は、ブラックホールというものを異なる視点、原子的視点から見たときに変わった。彼はこの線に沿って想いを巡らせた。一九七三年秋にモスクワを訪れたとき、ひらめくものがあった。そこでホーキングは、ヤーコフ・ゼルドヴィッチや彼のところにいた大学院生アレクセイ・スタロビンスキーと話を交わした。二人は、ブラックホールが自転している場合、自転エネルギーから放射エネルギーに変わり、したがって粒子ができることを示唆した。この放射は、ブラックホールの自転が遅くなり、止まるまで続くという主張だった。

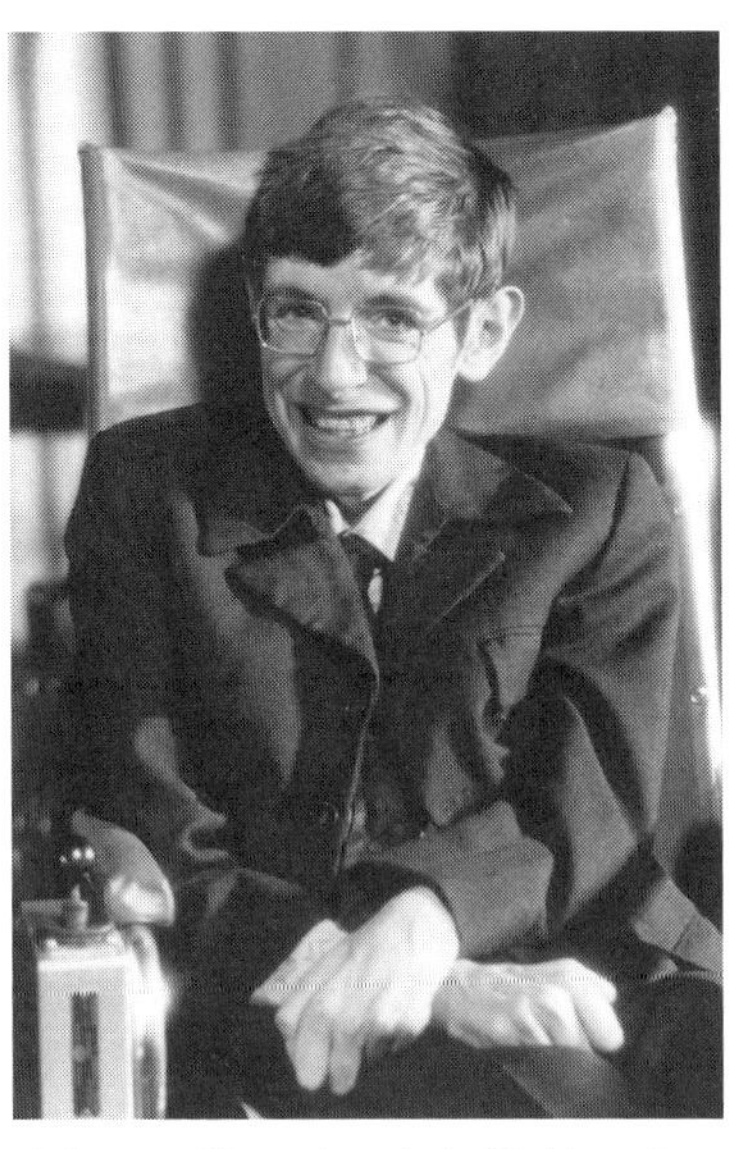

スティーヴン・ホーキング(American Institute of Physics Emilio Segrè Visual Archives, Physics Today Collection)

この問題について、ホーキングは独自に数学的に取り組んでみた。その結果、驚くべきことに自転しているか否かにかかわらず、すべてのブラックホールが放射しているということを発見した。[11] のちにこのことをホーキングは、有名な彼の本『ホーキング、宇宙を語る』の中の章のタイトルで語っている。すなわち「ブラックホールはそれほど黒くない[12]」と。

ホーキングは、この発見を一九七四年二月に、オックスフォード近郊のラザフォード研究所で開催された量子重力に関するシンポジウムで発表した。彼の報告はすぐさま三月一日号の『ネイチャー』誌に載った。ホーキングの発表と論文にはおもしろいタイトルが付けられていた。「ブラックホールが爆発する？」[13]。彼が爆発と言ったのには理由がある。量子力学をブラックホールに応用したとき、ホーキングはブラックホールがあたかも熱い天体であるかのように、粒子を発生させ、放出することを見出したのだ。結果として、ブラックホールは質量を減少させていき、ついには最後の爆発で消滅してしまう！　その定義により、ブラックホールは呑み込んだものは出てこないとされてきたわけだから、この発見でブラックホールの物理学は大きくひっくり返ることになった。何も放出せず、消え去ることもないと思われていたのだ。

ホーキングは、太陽の数倍程度の質量のブラックホールの場合、完全に蒸発してしまうまでに宇宙の年齢よりはるかに長い時間がかかると見積もった。恒星質量ブラックホール（あるいはそれ以上の質量のブラックホール）では、一〇の六六乗年以上の時間がかかる計算になる。しかし、極めて小さいブラックホールがビッグバンの乱流の中で作られたとすると、それらは、現在消滅していることになる。そうした「小さな」天体でも、一〇〇万メガトンの水爆と同等のエネルギー[14]を放出することになる。

言うまでもなく、この考えは彼の同僚物理学者の関心を集めることはなかった。相対論研究者のヴェルナー・イズラエルは「出版されるとすぐに強硬な反論を受けた……疑念は続き、実質的に疑念一色だった[15]」と言った。二月の会議で初めてホーキングがその結果を公表した際には、〔蒸発説は〕信用ゼロの状態で迎えられた。話の終わりの方で、セッションの座長ロンドン大学キングスカレッジのジョン・テイラーはまったくのナンセンスであると主張し「申し訳ないがスティーヴン、まったくくだらない[16]」と言った。

しかし、二年たつうちに次第に、ホーキングは驚くべき突破口を発見したのだと理解されるようになってきた。「たいへん満足したと思う[17]」とベケンシュタインは言う。「これで、ブラックホール熱力学の欠落部分が見つかったのだ」。ブラックホールの温度はゼロではなく、ブラックホールから出てくる放射の温度だった。そのような放射は「ホーキング放射」として知られるようになった。

ホーキングは、ブラックホールが原子以下のスケールで周囲にどう影響するかを考えることで結論を得るに至った。時空はブラックホール近傍でねじられているため、ブラックホールのちょうど外側で、核子と反核子のペアがいきなり存在するようになる。その現象を、ブラックホールの強烈な重力場からエネルギーを抽出し、物質化したと解釈できる。

しかし、極めて微小なレベルの物理学の話であるため、事象の地平線の正確な境界はかなりあいまいなものとなる。したがって、ときには新たに作られた粒子の一つがブラックホールへと消えていき、決して戻ってこないが、一方で、残りのうちの一つは、ブラックホールの外にあり、飛び去るようなことになる。結果として、ブラックホールの全体としての質量‐エネルギーの量はわずかに減少する。これは、ブラックホールが実際に蒸発しているということだ。粒子単位の非常にゆっくりしたペースで、ブラックホールは質量を失っていく。

恒星サイズのブラックホールでは、こうした奇妙な量子力学プロセスはほどんど意味を持たない。先に述べたように、普通のブラックホールが縮小し、何も残らないような存在になるまで、数兆年のさらに数兆倍かかってしまう。放たれる放射から測定される温度は、絶対温度の一度の一〇〇万分の一に満たない。[18] しかし、ホーキングは、ビッグバンの最初の乱流時に初期の宇宙は小さなミニブラックホールを多数発生させたと示唆した。丘を転がり下るボールのように、そのようなミニブラックホールの蒸発は、時間経過とともに加速していく。こうした小さな原始天体は質量を失うほどに、粒子の脱出がいっそう容易になり、ミニブラックホールは破滅的最期に達するまでどんどんペースを上げて蒸発していく。

もし、ビッグバンがミニブラックホールを作り出したのなら、最小のものは、その末期の光を我々が観測する以前に消滅してしまっているだろう。しかし、一つの山程度の質量がある天体なら、短時間にガンマ線バーストを起こす最後の瞬間には、まだ陽子ほどのサイズであろう。そのようなミニブラックホールからの信号は、まだ確実に検出されたという例はないが、特有の信号を検出しようとする試みは続いている。

*

この話にはまだ続きがある。ホーキングが明らかにしたことにより、ブラックホールの新たな総点検が始まり、既知の物理法則についても疑問が投げかけられるようになった。振る舞いは異様かもしれないが、ブラックホールはもともと物理学の古典的方程式の中から見出されたものだ。アインシュタインの一般相対論は、基本量としての時空に一九世紀の数学を使っている。その観点からは、ブラックホールは時空にできた滑らかで破れのない穴である。事象の地平線は、戻ってくることがないポイントであるが、そこを通り過ぎる際、時空には見える形での変化はない。しかし、ホーキングはブラックホールには微小なスケールで見たときにまったく異なった側面があることを示した。真空から粒子が蒸発するように、事象の地平線はもはや滑らかではなく、不明瞭でぼやけた存在になった。ブラックホールは、年齢が増すにつれていっそう激しく蒸発するようになる。そのことを機に物理学者は、ブラックホールをさらに詳しく調べることとなった。本当のブラックホールはどれなのか？　アインシュタイン理論版なのか、量子力学版なのか？　これらのまったく異なる見解をどうしたら和解させることができるだろうか？

一時期、量子力学の法則はブラックホールの事象の地平線内部では、ブラックホールの外で我々が使っているものとは何となく違っているのでは、ということも一部では考えられた。しかし、ブラックホール科学の先端を調べている物理学者らは、事象の地平線で破綻するのは一般相対論ではないかと疑い始めている。ちょうど、ニュートンの法則が、太陽近傍や中性子星のような強力な重力場を扱う場合に破綻したように――。アインシュタインはニュートンの物理学に修正を行なった。今度は、アインシュタインの理論がブラックホールの全貌を明らかにすべく修正が迫られることになりそうなのだ。答えは、物理学者らが一般相対論と量子力学を融合させ、広く適応可能な量子重力理論にたどり着いたときにわかるだろう。

多くの研究者が、数十年にわたり量子重力理論に取り組んできたが、まだ成功には程遠い。だが、方向性の手がかりはある。量子重力を研究する多くの者が、時空そのもの――アインシュタインの理論の中心、中核である――が基礎的なものではない可能性がある、という結論になってきた。時空は、量子重力理論全体が整備された際、ある種の量子的なものから現われる可能性がある（物理学者は好んでそう表現する）。この見解から、最小スケールでの時空は、少量の絵の具で描かれる点描画法のように、拡大して調べることに意味はない。その距離範囲では単にランダムな点描で、それ以上のものではない。しかし、遠ざかって見れば点描は混じり合って、滑らかな絵柄として認識される。同様に、時空も大きなスケールで調べるときにこそ、体をなし、明瞭に現れる。時空は単に認識の問題で、大きなスケールでは存在するが、考えられる最小スケールでは存在しないとも考えられる。時空を、真空の本質に潜む、混沌とした量子の集合から、凝結あるいは結晶化したものと考えることもできる。

そして、新たな見解が明らかになるかもしれないのは、ブラックホールの事象の地平線である。何十年も、天体物理学者や一般相対論研究者だけが、アインシュタインの理論の究極のテストケースを探し求め、ブラックホールを研究したのだった。しかし、いまや、量子物理学者もブラックホールに強い関心を寄せている。彼らは、自然界のすべての力を統合する理論の手がかりが、事象の地平線に見つかるかもしれないと信じ、その重要な境界で、量子力学の小宇宙が直接一般相対論の小宇宙とつながっていると信じている。最近のいくつかのモデル[19]では、ブラックホールにあえて入った宇宙飛行士が、第10章で述べたように、事象の地平線をすんなりと通過することはできないと予測しているものもある。平穏無事な通過ではなく、急激に特異点に落下し、ファイアーウォール（防火壁）への劇的な突入を遂げるという。そこでは、時空が基本単位に分解していると。特異点はもはやブラックホールの特徴ではない。特異点への突入から救出された宇宙飛行士は、さらに量子のかけらにリサイクルされる。

しかし、確かなことは誰も知らない。ひも理論やループ量子重力理論のような「万物の理論」を追求している物理学者らは、まだ最終的な答えが明らかになるようなアイデアを得ていない。ファイアーウォールというよりも、事象の地平線を超えるときに何か変化が起こる（まったく変化しないかもしれないが）。ジョン・ホイーラーは人生の終わりに向かって、ブラックホールの中心に有限な構造があるという希望を持ち続けた。[20]「ブラックホールの核には、想像を超える小ささかもしれないが、何らかの構造がある[21]」と考えていた。

この謎の探究は、一九六〇年代に天体物理学者らがクエーサーのとてつもないエネルギー源のメカニズムをめぐって従来の方法で悪戦苦闘していたことによく似ている。現実として受け入れがたかったブラックホールが発電機として機能しているとわかって、多くの研究者を驚かせた。

一九七〇年代のホーキングは、今日へとつながるブラックホールの性質について議論を始めていた。量子重力理論のパイオニアとして足跡を残し、その後同僚の多くが重力と量子力学の意味深いつながりを知ることとなる。自然界のこれら異なる二つの法則が、まだ公式には統一されていないにもかかわらず、物理の聖杯ともいうべきこれらの統一が、いつしか達成できるかもしれないという基本的な兆しがある。物理学者のこうした野望に、最良のガイドとなるのがブラックホールなのである。

エピローグ

アメリカ国内の主要な核廃棄物貯蔵施設であるハンフォード・サイトは、ワシントン州南部にあり、灌木林を含む数百平方キロに及ぶ砂漠に横たわっている。この砂漠地帯には、カリフォルニア工科大学とマサチューセッツ工科大学によって運用されている重力波観測レーザー干渉計もあり、略号のLIGO[1]（「ライゴー」と発音）で知られている。

この干渉計は広大な平原の中に孤立するように佇んでいる。平坦な風景は、大昔に存在した氷河湖からの巨大な氷河の流れが削ってできたものである。建物は、場違いな中に置かれたモダンアートミュージアムのようだ。クリーム、ブルー、そしてシルバーグレーに塗装された正確に同じものが、ルイジアナ州の州都バトン・ルージュ市外、リヴィングストン・パリッシュの松林に見られる。さらに、同様な観測施設が、イタリア、日本、インドにも建設（建設中も含む）され、二一世紀で最も高度な天体観測手段の一つとなっている。

これらの施設が観測するのは、重力によって放射される波動、一般メディアでもよく知られる重力波である。最初に重力波の存在についてその可能性を記したのは、一九一六年と一九一八年のアインシュタインであった[2]。それは、一般相対論を発表した直後であった。電荷がアンテナを上下するときに発生する電波（電磁波）のように、重力によって放射される波動は、質量が動き回ることによって発生する。一般に、天体の温度、年齢、組成といった物理状態は、可視光、赤外線、あるいは電波などといった電磁波によって知ることができる。権威ある天文台では何十年にもわたって観測されてきたものである。一方、重力波というのはまったく素性が異なる。重力波によって、巨大な質量を持つ天体の大規模な運動について知ることができるのだ。

重力波は文字通り、時空構造にできた振動であり、宇宙の最も激烈な現象から発する鳴動である。

かつてはまばゆく光っていた恒星が燃え尽き、超新星や素早く自転する中性子星、あるいは互いに回り合う二つのブラックホールになり、その二つのブラックホールがやがて接近していき、壮観な合体衝突を迎える。そこから発せられる重力波の検出こそが、ブラックホールが存在する直接の証明となり、ブラックホールというものが最終確認されることになるわけである。

そのための観測装置たるや従来の望遠鏡とはまるで異なる。宇宙を見るレンズもなく、代わりに長く太いチューブが二本、互いに直交した状態で設置される。たとえば、ワシントン州とルイジアナ州にそれぞれ設置されたＬＩＧＯのチューブは、巨大なＬ字形をしており、直線部分それぞれが四キロメートルの長さになっている。石油パイプラインと似ているが、チューブ内は宇宙空間のような真空になっている[1]。Ｌ字の各端の部分には、鏡がつりさげられている。鏡でレーザー光が反射され、光が鏡の間を連続して行き来できるようになっている。

時空に乱れを作る重力波の特性のため、重力波観測所はこのように設置されている。ある方向（たとえば南北方向）では重力波が空間を圧縮し、同時に直交方向（この例では東西方向）では空間が拡張される。すると、Ｌ字形の観測所に入ってくる重力波は、Ｌ字の一方のアームを圧縮し、鏡の間の距離が縮む。一方のアームでは鏡の間の距離が広がる。一ミリ秒〔千分の一秒〕後、重力波が進んでいくため、各アームの圧縮・拡張が逆転する。鏡の間の距離を測定し続けているレーザービームは、この周期的な変化をとらえるはずである。

しかし、これは予想以上にむずかしい観測となる。二つのブラックホールの衝突により発せられる重力波は非常に強力なものである。空間が大きく揺さぶられる。そうした巨大衝突が発生させる空間の震動は光のスピードで宇宙を進んでいく。しかし、光が宇宙を進むのとは違い、重力波は空間そのものを動揺させる。進みながら、時空構造を交互に圧縮・拡張させていくのだ。そうした波動は発生源付近では致命的なものとなる。身長約一・八メートルの男が倍の長さになったかと思えば、一ミリ秒で半分の長さに圧縮され、まだ繰り返して引き伸ばされる。近傍に惑星があれば、バラバラに分解されてしまうだろう。しかし、重力波は、進んでいくに従い次第に弱まっていく。池に石を放り込んだときの波紋とよく似ている。地球に届く頃には、時空に作られる圧縮と拡張は、陽子の大きさよりもはるかに小さくなっているのだ。

そのような微小な動きを測定するため、重力波天文学者は、観測施設内から可能な限り多くのノイズ源をなくすよう並々ならぬ努力を余儀なくされる。その結果、トラックの通過や地震動の影響も排除される。一連のデータは、さまざまな異なる現象から予測されるパターンと照合される。大陸の半分以上も離れた、別々の観測施設で信号が同時に受かれば、重力波としてまず間違いなかろう。

中性子星どうしの衝突を観測することは、重力波天文学者にとって決定打になるかもしれない。中性子星からなる連星が、都市サイズで高密度の二つのボールとなって、らせんを描きながら接近していく。その最期の瞬間を記録するべく観測施設では準備を整えている。LIGOは、一〇〇～三〇〇〇ヘルツの周波数帯で最も感度が高くなっている。その周波数帯は音で言えば、たまたま耳で聴こえる範囲になっている。重力波が電気的に記録されれば、実際に音にして聴くことができるわけだ。重力波観測所は、宇宙に対する私たちの感覚に音を加えてくれる。中性子星衝突時の「音」は、初めはすすり泣くようだが、しかし急激にピッチを上げていく。まるで救急車のサイレンが接近するときのように。

それでも観測上最も望まれるのは、二つのブラックホールが衝突することだ（二〇一六年二月、これが二〇一五年九月に観測されたことがに発表された。「訳者あとがきに代えて」(二三二頁〜)参照)。ブラックホールが合体寸前になると、急速にらせんを描いて回り合い、そのスピードは光速に近くなっていく。重力波の音は甲高いものに変わっていき、秒単位で鳥のさえずりのようになると予想される。たった千分の一秒のシンバルのように、二つのブラックホールはついに最終的な衝突を起こし合体するだろう。合体後、ゴングの音が消えていくようにして幕引きとなる。新しい、より大きなブラックホールは少しぐらついているが、その後は落ち着くようになる。

間接的に重力波をとらえる方法がある。南極で、極めて鋭敏なセンサーを使っている電波天文学者らのチームは、宇宙背景放射として知られるビッグバンの残照の電波に、まぎれもない重力波の痕跡を探している。重力波は、宇宙背景放射のマイクロ波に明白な形で影響を与える。微かならせんパターンをマイクロ波の偏波の中に組み込ませるのである。その重力波は、新しく生まれた重力の量子ゆらぎとして発生したのである。こうした波動は、宇宙がインフレーションと呼ばれる短時間で急激な膨張を起こした際に発生、促進された。それは、宇宙が始まって一兆の一兆のさらに一兆分の一秒で起こった膨張で、その後は緩やかな膨張となった。原始重力波によって、時空が圧縮されたり拡張されたりする。宇宙を光が自由に行きかうようになったとき宇宙背景放射の偏波(光(一般に電磁波)の電場が特定の向きに振動している場合)に、わずかな渦巻きパターンが生じる。時空にさざ波が起こるため、重力波は光に対しわずかな影響を与えることになり、偏波の向きが回転するようになる。銀河のダストも同様な効果を生じさせるため、偏波の回転が見つかっても、それが原始宇宙の重力波によるものなのかどうか、慎重に見極める必要がある。

もし、そのような信号が立証された場合、ブラックホールの事象の地平線とは関係なくても、それはホーキング放射を観測した初めての例になるだろう。観測可能な宇宙は、宇宙の初期にはたいへん小さかった。そこには、ブラックホールで考えられるような放射をする地平線があった。この場合、放射されるのは重力子（グラヴィトン）という重力が量子化された粒子である。これが、原始の放射スープを圧縮拡張する重力波となった。もし、ビッグバン内のホーキング放射の痕跡が確かなものとして観測されたなら、ブラックホールによっても同様な放射がある可能性が高くなる。これは、天文学と宇宙論のまったく新たな時代の幕開けとなるだろう。何年も前、ヤコブ・ベケンシュタインやスティーヴン・ホーキングが既存の考えにとらわれずに考え始めた頃、そうした宇宙論は始まっていた。

重力波の効果をもっと決定的に証明する綿密な方法がある。銀河系内で、およそ二万一〇〇〇光年彼方の二つの中性子星が互いに高速で回り合い、次第に接近しつつあるとする。その軌道減衰の速さ[3]は、一年で約三・五メートルだけ軌道半径が縮み、それはこの中性子星ペアが重力波の形で軌道エネルギーを失う分と一致する。重力波が持ち去るエネルギーが、この上なく正確に一般相対論の予想に一致している。このことを発見したことにより、天文学者のジョゼフ・テイラーとラッセル・ハルスは、一九九三年にノーベル賞を受賞した。重力波は中性子ペアの連星から放射され、現在、地上からの観測では記録できないほど弱くなっている。しかし、いまから三億年後、二つの中性子星が合体すると、発せられる重力波ははるかに強力なものとなるだろう。

ところが、現在検出可能な多くの重力波源がほかにも存在する。超新星爆発やブラックホールの合体、中性子星による衝突などで、これらは宇宙で日常的に起こっている現象である。いったん観測施設がフル稼働すれば、数十億光年までの重力波源からやってくる重力波を検出することができる。科学者らは日々、何らかの重力波観測が得られると見ている。宇宙空間から観測できるようになれば、もっと多くの源が観測対象になるだろう。地上で起こるような振動の心配もなく、現在は設計の段階である。

重力波の確実な検出は、相対論天体物理学において最優先事項となっており、科学者は一つの方法だけに依存してはいない。詳しく研究されている天体を利用した優れた方法もある。たとえば、宇宙で最も精巧な時計であるパルサーを使う方法である。とくに、高速自転しているパルサーからのパルス信号を詳しく観測すると、パルスに生じるわずかな変化から、パルサーと地球の間を通過する重力波の影響をとらえることができる。ブラックホールからの重力波検出法を問わず、そのような観測が、ブラックホールが実在する確実な最終証明になるだろう。これまで、存在を明らかにすることを拒んできたブラックホールである。天文学者にとってはまさに歴史的瞬間となる。

*

二〇一三年一二月のダラス地域上空を、珍しくポーラーエクスプレス[2]が通過していった。空港も道路もひどい氷結に見舞われていた。五〇周年となる第二七回相対論天体物理学テキサス・シンポジウムは、凍えるスタートとなった。一九六二年以来、隔年で開催されており、会議は世界中の都市を巡った。ミュンヘン、メルボルン、エルサレム、そしてヴァンクーバーと。だが、どこで開かれようと、会議の名称には名誉ある第一回の場所にちなみ「テキサス」の名がつけられていた。

最初のシンポジウムではクエーサーが主たる話題であり、「相対論天体物理学」という言葉が新たに導入されていた。その後五〇年が経ち、シンポジウムで議論されたトピックスのリストも、野火のように広がっていき、現在ではインフレーション宇宙、重力レンズ、ダークマター探査、ガンマ線バースト、そして宇宙背景放射となっている。クエーサーがまだ発見されていなかった五〇年前には想像もできなかったテーマもあるだろう。誰かが気のきいたことを言ったように「中性子星に名前や鈴が付けられるようになるとは思わなかった」[4]。いまや、銀河系内の二三〇〇個以上のパルサーがカタログ化されている。

ブラックホールについて言えば、もはやその言葉を聞いて眉を上げる者はいない。実際、二〇一三年のテキサス・シンポジウムでは、そうしたテーマに花が咲いていた。研究者らは、超巨大ブラックホールの起源や新たにできたブラックホールからのガンマ線バースト、ブラックホールどうしの合体、磁気を帯びたブラックホール、ブラックホールからのジェット、そしてこうした崩壊天体に関する新しい研究といった内容について報告を行なった。そうしたテーマは、銀河や星雲、あるいは恒星などと同じように、現在の天文学の会議で活発に議論されている。恒星サイズのブラックホールというのは、恒星の一生において、（稀有であっても）あり得る最終到達点である。事象の地平線の向こうに隠れてしまうのは、恒星一〇〇〇個に対して一つの割合くらいと見られる。それでも、銀河系だけで一億個という数に上る。毎秒、宇宙のどこかで新たなブラックホールが生まれている計算である。そして、ほとんどの銀河の中心部に堂々と鎮座する超巨大ブラックホールは、いまや銀河の主要構造物と見なされている。

ジョン・ホイーラーはかつて、自分は決してSFは読まないと言っていた。「私に必要なSFはすべて、すぐそこ、目の前にある」[5]。まさにそのとおりだった。ブラックホールは長い間、非常に空想じみたものだったが、いまや最も驚くべき存在であり、なくてはならない宇宙の住人になっている。

軽蔑の対象にすらなったブラックホールがいまは受け入れられ、その歴史の新たな章が始まろうとしている。

ブラックホール関連年表

一六八七　サー・アイザック・ニュートンが、自らの著作『プリンキピア』において、画期的な重力の法則を発表した。

一七五八　エドモンド・ハレーによって、一七五八年に再来することが予報されていた彗星がそのとおりに現れた。

一七八三　イギリスのジョン・ミッチェルが、ブラックホールのニュートン力学版を考案した。光が恒星から脱出できず、したがって見ることがないという重い恒星の質量を計算した。

一七九六　フランスのピエール・シモン・ド・ラプラスは、独立に、ミッチェルと同様の考えをもち、そうした天体を「コール・オプスキュール」（隠れた天体）と呼び、実在を示唆した。

一八六二　アメリカ、マサチューセッツ州のアルヴァン・グラハム・クラークは、明るいシリウスに暗いかすかな伴星を発見した。なぜそれほど暗いのか、なぜ太陽ほども質量があるのかが謎だった。

一九〇五　アルベルト・アインシュタインは、特殊相対性理論として知られる理論を発表した。絶対時間と絶対空間というニュートン力学の考え方を捨て去った。

一九〇七　アインシュタインは、特殊相対性理論によって、時間を一つの次元とみなし、時空という一体化した絶対的な存在に導いたと、数学者ヘルマン・ミンコフスキーが示した。

一九一五　一般相対性理論により、アインシュタインは、相対性理論の適用できる範囲を広げることに成功した。他のタイプの運動、とくに重力を扱えるように拡張した。伸縮性の時空マット上におかれた質量により、マットにくぼみができ、そのくぼみにより重力が発生、くぼみに沿って物体が動くというイメージになる。

一九一六 ドイツの天文学者カール・シュヴァルツシルトは、一般相対性理論の厳密解を初めて発表した。その結果は、シュヴァルツシルト球の発見にむすびついた。シュヴァルツシルト球の中心の一点に質量が集まっており、球面上では時間が止まっているように見える。これは、今日私たちがブラックホールと呼ぶものの一つのケースであり、自転もせず、電荷も持たないというブラックホールに相当する。座標系の取り方に依存しており、また、恒星がそうした状態で収縮することはありえない。

エストニアのエルンスト・エピックや後にイギリスのアーサー・エディントンの計算により、シリウスを回る太陽質量ほどの伴星の暗さを説明するには、せいぜい大きくても地球サイズであることが判明した。そうした恒星は、「白色矮星」と呼ばれるようになった。

一九一九 イギリスの日食観測隊が西アフリカとブラジルに派遣された。太陽によって時空につくられたくぼみが、太陽をかすめる星の光の進路を曲げるという。その現象を観測するのが観測隊の目的であった。その結果、一般相対性理論の正しさが立証された。

一九二六 イギリスの理論家ラルフ・ファウラーは、新たに確立された量子力学の法則を使って、地球サイズに圧縮された太陽質量の恒星が、白色矮星として安定であることを示した。

一九三〇 インドからイギリスへの旅の途中、スブラマニアン・チャンドラセカールは、白色矮星の質量には上限があることを発見した。その限界を超す恒星がどうなるのかは彼にはわからなかった。

一九三一 ソ連の理論家レフ・ランダウは、もし十分重い恒星なら、一点に崩壊してしまうことを計算で示したが、その結果を本気にはしていなかった。彼は、恒星の核が巨大な原子核のようになると示唆した。

一九三二 イギリスのジェームズ・チャドウィックが中性子を発見した。

ベル電話会社の物理学者カール・ジャンスキーは、銀河系中心から放たれる電波を発見した。電波天文学がここに始まった。

一九三三　アメリカ物理学会で、フリッツ・ツヴィッキーとウォルター・バーデは、恒星の爆発、超新星で小さな中性子星が作られると示唆した。そのアイデアは当時の天文学者らには、信じがたいとして受け入れられなかった。

一九三五　王立天文学会でアーサー・エディントンは、白色矮星は密度の上限を超えると、急激に収縮するというチャンドラセカールの結論に、悪名高き異議を唱えた。

一九三九　J・ロバート・オッペンハイマーとジョージ・ヴォルコフは、初めて中性子星の物理を研究し、中性子星が白色矮星同様に、質量に上限があることを発見した。

オッペンハイマーとハートランド・スナイダーは、ブラックホールに関する現代的な説明を初めて発表した。彼らはそれを「重力収縮し続けるもの」と呼んだ。その後、オッペンハイマーはこの種の研究をやめてしまう。物理コミュニティーのなかで、一般相対性理論に関する関心は急落した。

アインシュタインは彼の「最悪の科学論文」を発表。恒星が決して一点（特異点）に完全に崩壊することはないと証明を試みる論文であった。

一九四八　アメリカの投資家ロジャー・バブソンが、重力研究財団を設立し、重力の研究への関心を再興しようとした（いずれは反重力装置が開発されることを願って）。その活動によって一般相対性理論に関する新たな関心が巻き起こった。

一九五二～五三　プリンストン大学の物理学者ジョン・アーチボルト・ホイーラーは、物理学部から提示された特殊相対性理論と一般相対性理論の初となる授業を担当した。彼は、オッペンハイマーやスナイダーが示唆していたように、恒星が特異点に崩壊しないような物理的な理由が見つかることを期待していた。

一九五五　アインシュタイン死去。彼は、同僚が自分のことを「バカな老人」だと思っていたと信じていた。彼の最大の功績である一般相対性理論が、物理研究の陽の当たらぬ部分であったと信じていた。

一九五七　ノースカロライナ大学に新しく設けられた重力研究所は、物理における重力の役割について論ずる会議をチャペルヒルで開催した。この会議は、重力研究に活力をもたらす重要な出来事となった。ある国際会議で、ジョン・ホイーラーと同僚の二人の学生は、いかにして爆縮する恒星が特異点へ崩壊しないで済むかを説明しようとした。聴衆席にいたオッペンハイマーは同意しかねた。

一九五八　デイヴィッド・フィンケルスタインは、一般相対論でブラックホールの物理を解きやすいようにする新たな座標系を考案した。これにより、崩壊する恒星が、遠方からは「凍結した星」のように見えることがわかった。それでも、ブラックホールの視点からは、完全に爆縮していた。マーティン・クルスカルは、こうした初期の研究を行なったが、発表したのは一九六〇年以降である。

一九六〇年頃　プリンストン高等研究所で開催された研究集会で、プリンストン大学の物理学者ロバート・ディッケは、冗談で、重力が強すぎて何も恒星から脱することがないという恒星の完全な重力崩壊を、「カルカッタのブラックホール」にたとえた。その時の聴衆の中に物理学者の丘宏義（ホン・イー・チウ）がいた。

一九六二　フィンケルスタインとクルスカルによって開発された新たな数学技法を用いて、プリンストン大学の学部生デイヴィッド・ベッケドルフは、チャールズ・ミスナーとともに、ブラックホールの事象の地平線の外側の空間について、さらに詳しい説明を行なった。ブラックホールが現実の存在として説明された初めてのケースである。

ロケットに積まれたエックス線検出器が、最初の宇宙エックス線源、さそり座X‐1を発見し、エックス線天文学がスタートした。さそり座X‐1は、後に、連星を成す中性子星であることが判明した。

一九六〇年代初期　コンピューター・シミュレーションがカリフォルニア州リヴァモア国立研究所で実施され、十分な質量を持つ恒星が最期にブラックホールになることが示された。同様な結果がソ連の物理学者らによっても得られた。これらの発見やベッケドルフの成果から確信を得たホイーラーは、自分の見解を転じ、ブラックホールの擁護者となった。ソ連の物理学者らは、ブラックホールの存在をほとんど疑わなかった。

一九六三　３Ｃ２７３として知られていた電波星が、およそ二〇億光年彼方の銀河の核が極めて明るく輝いているものであると判明した。まもなく、こうした天体は「クエーサー」と呼ばれるようになった。

ロイ・カーは、一般相対論で数十年にわたる難題とされてきた、自転する恒星の重力場について、厳密解を求めることに成功した。

相対論天体物理学のテキサス・シンポジウム第一回目が、ダラスで開催され、クエーサーの驚くべきエネルギー源がつきとめられようとした。この会議は、一般相対論と天体物理学を結びつける最初の試みとして知られている。

一九六四　ブラックホールという用語が初めて印刷物に現れたのが、『サイエンス・ニューズ・レター』の一九六四年一月一八日号であった。アメリカ科学振興協会（ＡＡＡＳ）の年会、縮退星のセッションでそのことが報告された。ロバート・ディッケからのことば「ブラックホール」を借用し、セッション議長の丘宏義（ホン・イー・チウ）が、宇宙にはブラックホールが散在していることを示唆した。

ソ連の物理学者ヤーコフ・ゼルドヴィッチとイゴール・ノヴィコフ、そして彼らとは独立してアメリカ、コーネル大学の物理学者エドウィン・サルピーターは、大質量天体が重力崩壊し、そこへ物質が引き込まれていき、周囲に降着円盤が形成、膨大なエネルギーが放出されることを示唆した。これがクエーサーの持続的エネルギー源として解釈された。

一九六五　イギリスの物理学者ロジャー・ペンローズは、重力崩壊によって必ずブラックホール内に特異点が形成されると理論的に証明した。

一九六七　アメリカ科学振興協会（ＡＡＡＳ）の年会での基調講演で、ジョン・ホイーラーは、重力崩壊天体を説明するために「ブラックホール」という用語を使用した。一九六八年に彼の講演のことが出版されると、科学界ではこの用語の使用を公式なものとして受け入れ始めた。

イギリスの天文学者ジョスリン・ベルが、パルサーを発見した。後にその天体が、自転する中性子星であることが判明する。パルサーの発見により、ブラックホールも存在するかもしれないという期待が生まれた。

一九六九　ロジャー・ペンローズは、高速自転するブラックホールからいかにして、膨大なエネルギーを取り出せるかを示した。

一九七一　エックス線天文衛星ウフルからのデータに基づき、はくちょう座X－1として知られる異常な電波源が、不確かさはあるもののブラックホールと認められた。これが宇宙で発見された最初のブラックホールである。

一九七三　ヤコブ・ベケンシュタインは、ブラックホールの事象の地平線の面積が、ブラックホールのエントロピーの直接の尺度になっていることを発表した。

一九七四　ベケンシュタインが誤っていると証明しようとして、スティーヴン・ホーキングは、ブラックホールが放射（ホーキング放射）をしながら次第に蒸発していくことを代わりに証明した。この発見は、一般相対論と量子力学を結ぶ歴史的なものとなった。

キップ・ソーンとスティーヴン・ホーキングは、はくちょう座X－1が本当にブラックホールなのか賭けをして、ソーンはブラックホールだという方へ、ホーキングはそれを否定する方へ賭けた。

一九七七　ロジャー・ブランドフォードと、ローマン・ズナジェックは、自転するブラックホールからエネルギーを取り出す彼ら独自のモデルを開発した。

一九九〇　スティーヴン・ホーキングは、キップ・ソーンに敗れ、はくちょう座X－1がブラックホールであることを認めた。

一九九九　ワシントン州に一ヵ所とルイジアナ州に一ヵ所、レーザー干渉計重力波観測所が完成し、二〇〇一年に運用が開始された。二〇一五年には、一層改良された検出器での運用が始まる予定である〔五月一九日に公式に取り付けが完了し、感度は一〇倍に〕。重力波の信号は、初めてブラックホールが存在する直接の証明となることだろう。

二〇一三　再びダラスで開催されたテキサス・シンポジウムでは、五〇周年が祝された。いまやブラックホールは完全に認められている。シンポジウムでは、ブラックホール同士の合体、ブラックホールの磁化、ブラックホールからのエネルギー発生、そしてブラックホール発生時に放出されるというガンマ線バースト、といった話題が話し合われた。

二〇一五　九月一四日、ＬＩＧＯが重力波を観測。翌年二月一一日（現地時間一一日）にワシントンＤＣで記者発表が行なわれた。詳しくは「訳者あとがきに代えて」を参照のこと〕

謝辞

この本のアイデアは、マサチューセッツ工科大学のサイエンス・ライティング大学院課程で、一人の学生に修士論文についてのアドバイスをしていたときに生まれた。その学生の名は、カミーユ・カーライル[1]。現在、『スカイ・アンド・テレスコープ』誌の編集者である彼女は、銀河系中心部にある超巨大ブラックホールの姿をとらえようとする国際プロジェクト「イベント・ホライズン・テレスコープ計画」について論文を書いていた。私の部屋で彼女と論文について議論していた時のことだった。一般向けの本ではたいてい、ブラックホールの最新の理論モデルと、ブラックホールの魅惑的な振舞いの両方が扱われていたが、この異様な天体が認識されるようになった激動の歴史にスポットを当てたものはほとんどなかった。そうした本は、目前の一般相対論誕生一〇〇周年を祝す方法としてもうってつけだった。アインシュタイン最大の成果を先端的な物理学に応用する上でも、ブラックホールというのは極めて重要な役割を果たしてきたのだ。

調査を行なう間、科学者、歴史家、ジャーナリストをはじめ、多くの人からさまざまな意見や助言をいただいた。次の方々にはお礼を申し上げなければならない。デイヴィッド・キャシディ、フランシス・チェンバーズ、ホン・イー・チウ（丘宏義）、ジョン・ディッケ、ロバート・フラー、カール・ハフバウワー、デイヴィッド・カイザー、ロイ・カー、アラン・ライトマン、マーティン・マクヒュー、チャールズ・ミスナー、ロジャー・ペンローズ、ジョー・ポルチンスキー、アルベルト・ローゼンフェルト、ヴァージニア・トリンブル、そしてバーバラ・ウォルター。とくに、ヴェルナー・イズラエルからは、彼が関わってきた科学、歴史双方について、とても有益な助力を何度も提供してもらった。また、フィラデルフィアのアメリカ哲学協会とメリーランド州カレッジパークにあるアメリカ物理学会のスタッフやアーキビストの方々にもたいへんお世話になった。

ブラックホールの歴史を調査したことで、何編かの記事を『ナチュラル・ヒストリー』誌の私のコラム「コズミック・バックグラウンド」に書いたところ、編集者のヴィットリオ・マエストロとエリン・エスペリーは私の原稿を魅力的なものにしてくれた。本書の中のニュートンの業績を要約した記事や、以前の著作である『アインシュタインの未完成交響曲』から重力波天文学に関する抜粋も記事に加えてくれた。

著作権エージェントであるリピンコット・マシー・マッキルキンエージェンシーのシャノン・オニールとウィル・リピンコットにも深く感謝する。私の著書のため、イェール大学出版局に完璧な出版拠点を見つけてくれた。編集者のジョセフ・カラミアとの仕事はただもう楽しく、スタート時点から彼は私の原稿に熱中して取り組んでくれて、鋭い指摘や出版上のアイデアも提示してくれた。言葉の達人、ローラ・ジョーンズ・ドゥーリーが原稿のチェックを行なってくれた。

夫であるスティーヴ・ロウには心から感謝と愛を送りたい。ときには忍耐をもって私を支えてくれ、編集上のアドバイスもしてくれた。最後に、執筆中（文字通り）いつも私の傍らにいてくれた犬のハッブル（チャンピオンでもありいたずら者でもある）にも忘れずにありがとうを言いたい。

［1］『スカイ・アンド・テレスコープ』誌のサイトにカミーユ・カーライルの紹介がある。
http://www.skyandtelescope.com/about-us/camille-carlisle/

訳者あとがきに代えて

本書の著者であるマーシャ・バトゥーシャクさんは、マサチューセッツ工科大学（ＭＩＴ）のサイエンス・ライティング大学院課程の授業担当教授をされています。彼女のプロフィールによりますと、物理学修士号とジャーナリストとしての経験・スキルを持ち、これまでに天文、物理分野の本を六冊書いています。最新作が、本書 *Black Hole: How an Idea Abandoned by Newtonians, Hated by Einstein, and Gambled on by Hawking Became Loved*（Yale University Pess, 2015）です。本書はアメリカ出版社協会が優れた学術出版物に対して贈る「プローズ賞」の二〇一六年度宇宙論・天文学部門で、次点にあたる選外佳作にランクインしています[1]。

前作である *The Day We Found the Universe*（Pantheon Books, 2009）は、地人書館から『膨張宇宙の発見』として邦訳が出ており、アメリカの科学史学会（History of Science Society）が一般向け最良書として選定し、二〇一〇年度デイヴィス賞を受賞しています。彼女は、アメリカ科学振興協会の評議委員にも選出されており、アメリカ物理学協会のサイエンス・ライティング賞を二度も受賞しています。また、同協会からは、物理学の文化、芸術、あるいは人文学的側面について重要な貢献をした人に送られるジェマント賞も授与されています。『ワシントン・ポスト』紙の科学書の書評など、アメリカ国内のさまざまな出版物に天文や物理に関する記事を寄稿し続けています。

ところで、本書の翻訳も終盤にさしかかった頃、ネット上に重力波に関するある噂が流れました。「エピローグ」でも紹介されていた重力波観測レーザー干渉計（ＬＩＧＯ）によって、重力波の観測に成功したらしいというのです。それが本当なら、ノーベル賞級の大発見です。

ＬＩＧＯは、五年の歳月と二億ドルをかけ、感度を一〇倍にするアップグレードを行ない、二〇一五年五月一九日には作業が終了していました。その後、調整段階を経て、科学的な観測が始まるのが同年九月一四日の予定でしたが、調整に手間取っていたのか（あとから考えると別の理由だったのかもしれません）予定が少し遅れ、公式に観測開始となったのは、二〇一五年九月一八日アメリカ太平洋夏時間〇八時〇〇分（日本時間一九日〇〇時〇〇分）でした。

ところが、試験運転中の九月一四日、ドイツのハノーファーにあるマックス・プランク研究所のオフィスで、ＬＩＧＯの観測データの分析にあたっていた三三歳のイタリア人マルコ・ドラーゴさんは異変に気づきました。ピアノを弾き、ファンタジー小説も書いているというドラーゴさん、イタリアのＬＩＧＯメンバーに電話をしているとき、観測データを監視しているコンピューター・プログラムがドラーゴさんに警報メールを発信してきたのです。それによると、ＬＩＧＯを構成する二ヵ所の干渉計の双方で、約三分前にあたる協定世界時（ＵＴＣ）〇九時五〇分四五秒に信号が受信されたということでした。二ヵ所同時に受信ということに注目しましたが、信号があまりに強いものであったため、ドラーゴさんは本物の信号なのか疑ったほどでした。というのは、センサーから分析までシステムがきちんと機能しているかどうかをチェックするために、こっそりと偽の信号を紛れ込ませるようなことがあったのです（ブラインド・インジェクションと呼ばれています）。

時空にわずかな歪みを生む重力波をとらえるのは容易ではありません。ＬＩＧＯなど現在世界で稼働している重力波観測レーザー干渉計（日本のＫＡＧＲＡも）では、鏡を使ってレーザー光を何度も往復させ、長い距離をかせぎ、その長さに生じるわずかな歪みを検出できるようにしています。そのレーザー光も空気の密度変動で光路長が揺らいでしまうため、真空パイプの中を通すようにしています。また、地面の振動が反射鏡に伝わらないよう、何段もの吊り下げ機構で鏡を保持したり、鏡そのものもレーザー光の運動量を受けて揺れ動くため、鏡を重くしたり、レーザーの出力を抑えたりする工夫も行なわれています。考えられるさまざまな雑音の軽減が図られ、今回ＬＩＧＯは陽子の直径の約千分の一という超微細な変動をとらえたのです。

南半球方向から光速でやってきた重力波は、地球を通過し、二〇一五年九月一四日日本標準時（ＪＳＴ）一八時五〇分四五秒に約三〇〇〇キロ離れて設置されたＬＩＧＯの二つのセンサーのうち、まずルイジアナ州の方に、そして〇・〇〇七秒後にはワシントン州の方に到達しました。この段階では、重力波を本当にとらえたのかまだ不明でした。慎重なデータ分析が始ったのです。

九月二六日のことです。「ＬＩＧＯは重力波をとらえたという噂がある」とインターネットのツイッターに書いた人物が現われました。アリゾナ州立大学の宇宙論を専門とする有名な理論物理学者ローレンス・クラウス教授でした。[2] 二〇一六年一月一一日、クラウス教授がまたもツイッターにつぶやきました。今後は、「ＬＩＧＯについての先の噂は、別々の情報源複数から確認された。続きはのちほど！

重力波が発見されたかもしれない！　素晴らしい！」というものでした。[3] クラウス教授は、発見への期待を盛り上げるつもりでそうした行為をしたようですが、ＬＩＧＯ関係者ではない人物から情報を得たようです。「噂は噂だ」とし、本当に発見があれば発表があるはずだともつぶやいていました。

さらにその後、ＬＩＧＯチームで重力波発見の論文を準備中だという情報も彼は得たようでした。二〇一六年一月一一日には、チェコの宇宙論を専門とする理論物理学者ルボス・モトルのブログでも「どちらも太陽質量の一〇倍を超える二つのブラックホールが合体したらしい」という噂が書かれました。[4]

ＬＩＧＯプロジェクトとしてはこうした噂に対し、肯定も否定もせず、議論を避けていました。アメリカ国外一四ヵ国を含め、九〇以上の大学、研究機関から参加している一〇〇〇人以上のＬＩＧＯ科学共同研究組織（ＬＳＣ）のスポークスパーソンであるルイジアナ州立大学の物理学者ガブリエラ・ゴンザレスは、何ら相談なくツイッターで情報を流していることにいくぶん腹立たしいようでした。

ついにＬＩＧＯプロジェクトは沈黙を破り、記者発表の場を設定します。クラウス教授の二月四日のツイッターは「私のつぶやきや期待が間違っていなかったようでよかった」というものでした。[5]二月一一日（日本時間では一一日深夜をまわり一二日〇時三〇分から）、ワシントンＤＣのナショナル・プレスクラブにおいて、ＬＩＧＯの研究者らによる歴史的な記者発表が行なわれました。[6]

受信された重力波は、二ヵ所の観測地点で同一の波形を示しており（図1）、モデル計算との比較から約一三億光年彼方にあるブラックホール連星（それぞれの質量は太陽の約二九倍と約三六倍）が合体した際に発生した重力波であることが判明しました。合体後のブラックホールの質量は太陽の約六二倍となり、約三倍分が重力波エネルギーになった計算です。また、二つの観測地点での時刻差や信号強度変動の比較から、南半球の空（九〇パーセントの確率で五九〇平方度、オリオン座程度の広

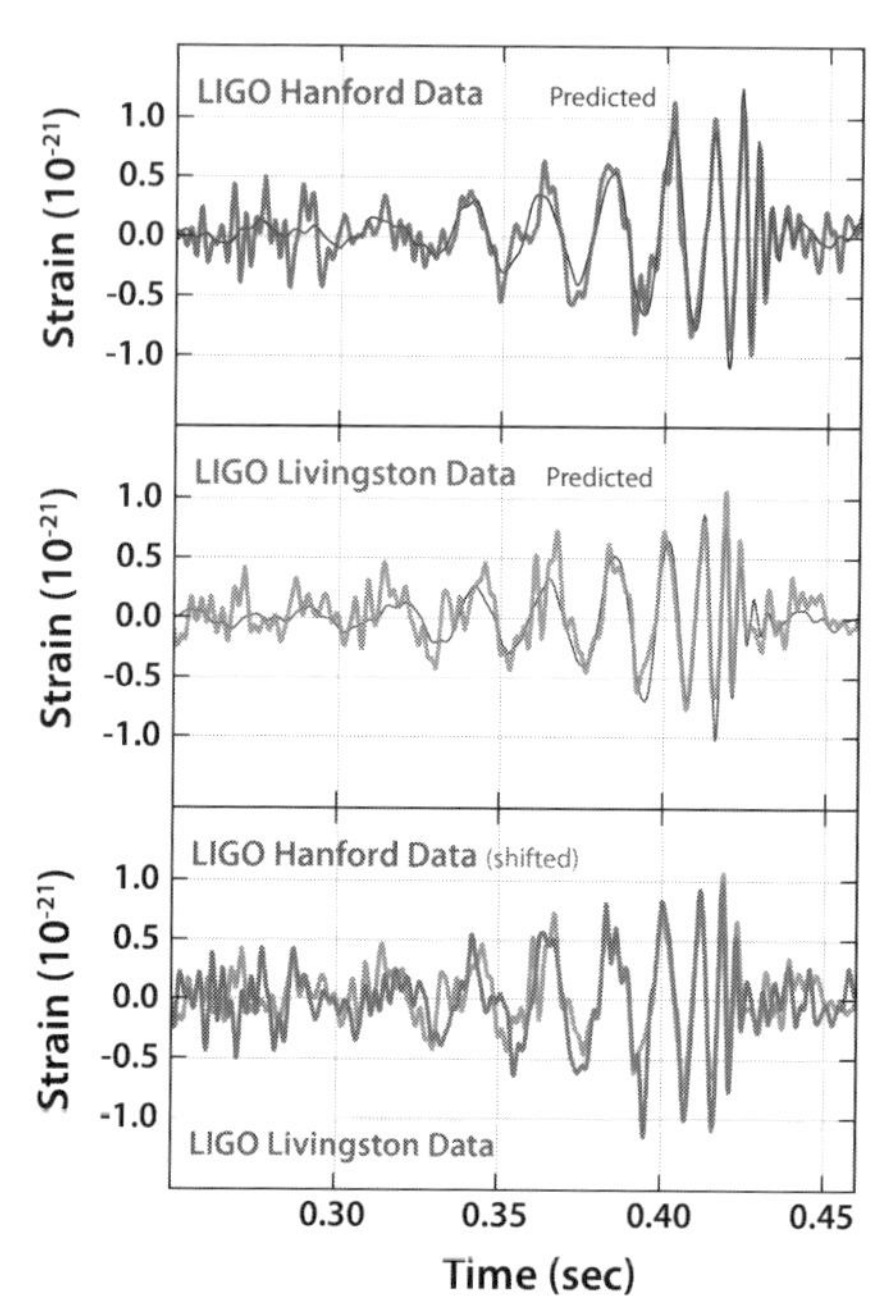

図１　受信された重力波の波形。ワシントン州ハンフォード（上）とルイジアナ州リビングストン（中）で観測された波形が、計算モデルによる波形と重ねてある。両方の観測波形を重ねたもの（下）を見ると、同一の重力波による波形であることがわかる(7)。Caltech/MIT/LIGO Lab

さ）から来たこともわかりました（図２）。今後は、日本のＫＡＧＲＡやインドのＬＩＧＯ-Ｉｎｄｉａも加わり、こうした観測の際の位置決定精度の向上も期待できます。もし発信源の方向がわかれば、多くの天文台からさまざまな観測手段で観測することも可能になります。

一般相対論の論文を発表したアインシュタインは、発表の翌年（一九一六年）、重力波の存在を予言する論文を書きました。それからちょうど一〇〇年目の二〇一六年に重力波観測成功の発表が行なわれたのです。ブラックホール

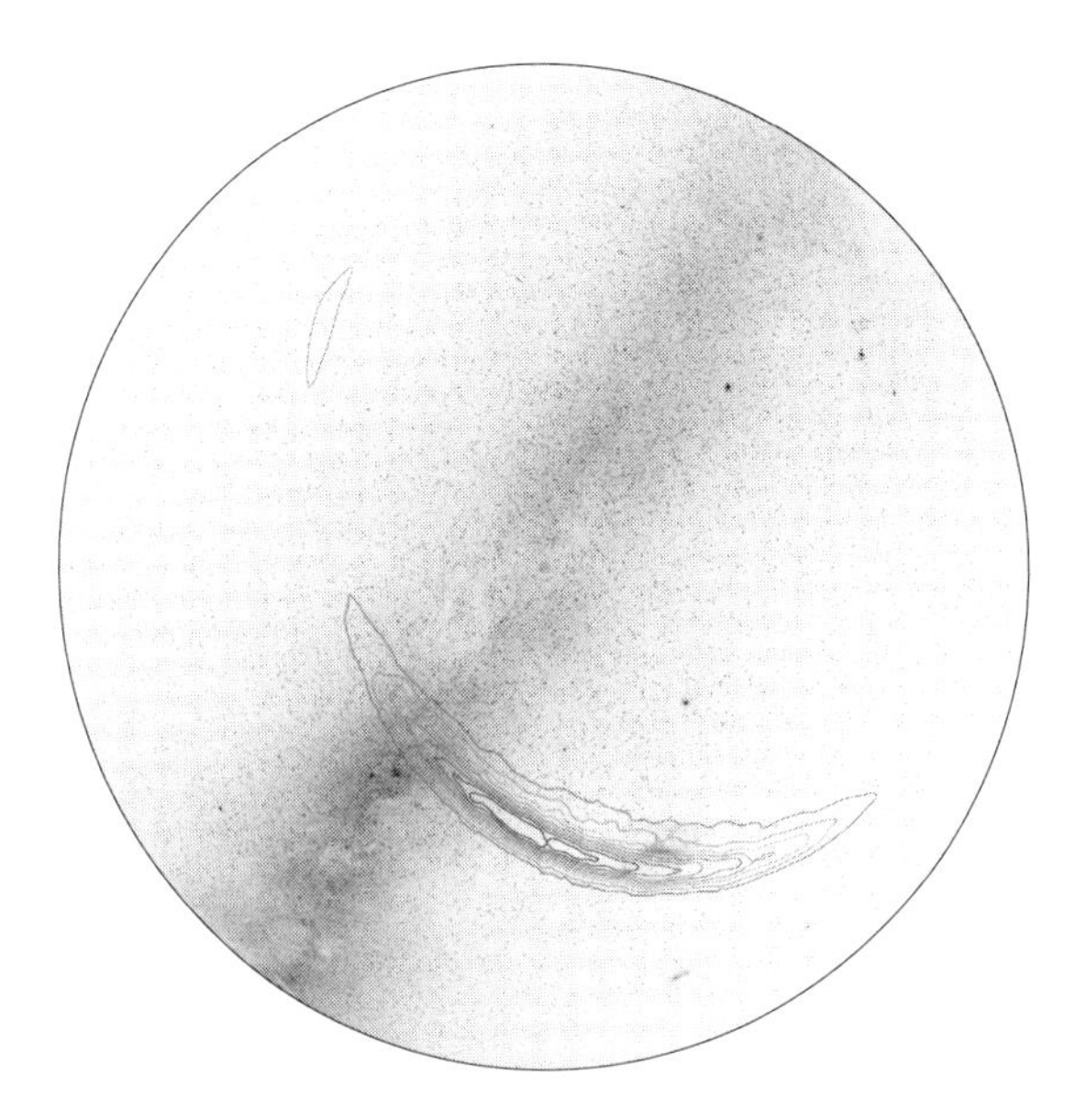

図2　重力波が来た方向。曲線2ヵ所で示した領域内から重力波が来た確率は90%。画面を横切っているのは天の川。中央右上の輝星はシリウス。中央右下の輝星はカノープス[8]。LIGO/Axel Mellinger

連星が存在する直接の証拠も得られました。いずれも一般相対論から予測されたものであり、とくに強い重力が働く場合においても一般相対論が正しく成り立つことが確認されたのです。重力波という新たな観測手段を得た私たちは、これまで知ることのなかった宇宙の姿を見ることになるでしょう。

ナショナル・プレスクラブでの記者発表では、記者席最前列に天文学者ヴァージニア・トリンブルさんの席がありました。重力波を初めて観測しようと試みたパイオニア、二〇〇〇年に八一歳で亡くなった故ジョセフ・ウェーバーさんの奥さんです。当時メリーランド大学の物理教授だったウェーバーさんは、直径六六センチ、長さ一五三センチ、重さ一・四トンのアルミ製シリンダーを使って、重力波による歪みをとらえようとしました。真空中に吊り下げられ、変形を圧電効果で電気に変換する装置がつけられていました。

一九六五年一月頃から本格的な観測が始まり、一九六七年には重力波らしき信号を観測、そして一九六八年には約二キロ離れた二台を使って観測。一九六九年になると、約一〇〇〇キロ離れた二台でも観測に成功という報告をしています。これを機に世界中で共振型という同様の装置が作られ観測が始まりました。日本でも東京大学理学部の平川研究室で観測が行なわれました。そして月面にも、一九七二年のアポロ一二号により月面重力計という重力波観測装置が設置されました。残念ながら、ウェーバーさんの観測結果を再現できたものはいませんでしたが、その後に続く重力波研究に大きな刺激を与えることになったのです。

本書の翻訳にあたりましては、関連する文献なども参考にしながらすすめましたが、もし何かお気づきの点がありましたら、ご一報いただければさいわいです。

最後になりましたが、地人書館編集部の永山幸男さんには、本書の翻訳のお話しをいただき、完成まで辛抱強く対応してくださったことに感謝とお礼を申し上げます。

二〇一六年五月

山田陽志郎

(1) https://proseawards.com/winners/2016-award-winners/

(2) https://twitter.com/LKrauss1/status/647510799678750720

(3) https://twitter.com/LKrauss1/status/686574829542092800

(4) http://motls.blogspot.jp/2016/01/ligo-rumor-merger-of-2-black-holes-has.html

(5) https://twitter.com/LKrauss1/status/695357752323903488

(6) YouTube で記者発表の記録を見ることができる。 https://youtu.be/aEPIwEJmZyE

(7) https://www.ligo.caltech.edu/image/ligo20160211a

(8) https://www.ligo.caltech.edu/image/ligo20160211b

第 11 章　スティーヴン・ホーキングは一般相対論やブラックホールに多額の投資をする一方で、保険をかけることも忘れていなかった

［1］　参考　https://heasarc.gsfc.nasa.gov/docs/heasarc/headates/brightest.html
［2］　数千分の一の誤りと思われる。

エピローグ

［1］　チューブ内を通るレーザー光の乱れを最小限にするため真空に保たれる。

［2］　クリス・ヴァン・オールズバーグの絵本作品。『急行「北極号」』という日本語版が刊行されている。

第４章　恒星がこれほど非常識な振る舞いをするはずがない。何か自然の法則があるはず！

［1］ 密度ではなく質量の誤りと思われる。
［2］ 正確には「質量」である。

第５章　厄介者登場

［1］ 日本やアラビアの記録にもある。また、アルメニアやボローニャの年代記の中にそれらしき記述が見つかっている。http://arxiv.org/ftp/arxiv/papers/1207/1207.3865.pdf

第６章　重力場だけが存続

［1］「重い中性子核について」というタイトルだった。
［2］ アメリカにおける原子爆弾開発・製造計画。

第７章　物理学者になって最高でした

［1］ ボーアの有名な言葉 "Your theory is crazy, but it's not crazy enough to be true." (君の理論はクレージーだ。だが、それはまだ真実と思えるほどクレージーではない) を引用して、Not Crazy Enough というタイトルを考えたと思われる。
［2］ 事象の地平線に達した瞬間の状態を見るのに無限の時間を要してしまう。
［3］ 参考 http://www.phys.huji.ac.il/~barak_kol/Courses/Black-holes/reading-papers/Kruskal.pdf

第８章　こんな奇妙なスペクトルは見たことがない

［1］ 厳密には視線速度という奥行き方向の速度。

第９章　ブラックホールって呼べば？

［1］ 7月4日の独立記念日が金曜日となると、木曜日の夜から日曜日まで続く長いウィークエンドとなる。
［2］ アラモゴード市北西の砂漠で史上最初の原爆実験が行なわれた。
［3］ テキサス大学の時計台をオレンジ色にライトアップして祝う風習について http://tower.utexas.edu/lighting-configurations/
［4］ ergosphere は直訳ではエルゴ球であるが、球形ではないので誤解を避けるため「エルゴ領域」とした。

訳注

第１章　宇宙で最大級に明るい天体が見えなくなる理由

［1］ 英語では通常発音は「ハリー」と発音される。

［2］ 月の重力による、周期が約18.6年のものは章動と呼ばれ、長周期の歳差とは区別されている。

［3］ 後の物理学者に相当する。

［4］ 重力で引合い、互いに回り合っている恒星。

［5］ 連星の場合、地球からの距離は二つの恒星に対し同じとみなせる。

［6］ 11月のキャベンディッシュ宛てのミッチェルの手紙によってミッチェルの論文を読んでいた。資料：http://www.aps.org/publications/apsnews/200911/physicshistory.cfm

［7］ http://rstl.royalsocietypublishing.org/content/74/35 で読むことができる。

［8］ あるいは「暗黒天体」。

第２章　ニュートンよ、許したまえ

［1］ この三件は、1914年8月21日のロシア南部を皆既帯が通る同じ日食への観測隊とみられる。少なくとも三つの観測所から観測隊が派遣された。
http://newt.phys.unsw.edu.au/~jkw/phys3550/Eclipse/Earman_Glymour_1980.pdf

［2］ これは1918年6月8日の、皆既帯がアメリカを横断する日食とみられる。先と同じ資料による。

［3］ 光学機器の調整不良で比較用乾板の恒星像が鮮明でなかったらしい。改めて取り直した比較用乾板でも過剰な露光と星像が伸びてしまっていた。
http://newt.phys.unsw.edu.au/~jkw/phys3550/Eclipse/Earman_Glymour_1980.pdf

［4］ 1911年にアインシュタインは「光の伝播における重力の影響について」を発表している。

［5］ 同じ平和主義者としての共感があった（ウォルター・グラットザー著『ヘウレーカ！ ひらめきの瞬間』（化学同人、2006）より）。

第３章　気が付けば、幾何学の国に

［1］ これは、https://archive.org/details/dierelativitts02laueuoft で全文を　見ることができる。この図はp.226にある。

(5) Hawking, Stephen, and Werner Israel, eds. *Three Hundred Years of Gravitation*, 262.

(6) Bekenstein, Jacob D. *Physics Today* 33 (January 1980), 28.

(7) APS, Wheeler Papers, box 4, Beckenstein folder, Beckenstein to Wheeler, 25 September 1973.

(8) Bekenstein, Jacob D. *Physics Review* D7 (1973), 2338.

(9) Hawking, Stephen, and Werner Israel, eds. *Three Hundred Years of Gravitation*, 262.

(10) Hawking, S. W. *A Brief History of Time: From the Big Bang to Black Holes*, 104.

(11) Ibid. 104-5.

(12) Ibid. 99.

(13) Hawking, S. W. *Nature* 248 (1974).

(14) Ibid. 30.

(15) Hawking, Stephen, and Werner Israel, eds. *Three Hundred Years of Gravitation*, 265.

(16) Boslough, John. *Stephen Hawking's Universe*, 70.

(17) Bekenstein, Jacob D. *Physics Today* 33 (January 1980), 28.

(18) Wheeler, John Archibald. *A Journey into Gravity and Spacetime*, 222.

(19) Marolf, Donald, and Joseph Polchinski. *Physical Review Letters* Ⅲ (2013).

(20) Wheeler, John Archibald, and Kenneth Ford. *Geons, Black Holes, and Quantum Foam*, 229.

(21) Ibid. 295.

エピローグ

(1) 重力波天文学の歴史とLIGOの開発については、Bartusiak, Marcia. *Einstein's Unfinished Symphony*. に書かれている。

(2) Einstein, Albert. *Sitzungsberichte der Königlich Preussischen Akademie der Wissenschaften* (1916).

(3) Hulse-Taylorの連星についての詳細は、Taylor, Joseph H., Jr. *Reviews of Modern Physics* 66 (1994). で読むことができる。

(4) Joseph Taylor, Plenary Presentation Ⅰ, 27th Texas Symposium, Dallas, 9 December 2013.

(5) Conniff, James C. G. *Today-The Philadelphia Inquirer*, 16 March 1975.

(9) Wheeler, John Archibald. *Proceedings of the American Philosophical Society* 125 (February 1981), 25.
(10) Ibid. 33.
(11) Ibid. 25.
(12) Thorne, Kip S., Richard H. Price, and Douglas A. MacDonald, eds. *Black Holes: The Membrane Paradigm*, 2.

第11章 スティーヴン・ホーキングは一般相対論やブラックホールに多額の投資をする一方で、保険をかけることも忘れていなかった

(1) Wheeler, John Archibald. In *Gravitation and Relativity*, ed. Hong-Yee Chiu and William F. Hoffmann, 195.
(2) Zel'dovich, Ya. B., and O. H. Guseynov. *Astrophysical Journal* 144 (1966) .
(3) Ibid. 840.
(4) Thorne, Kip S. *Black Holes and Time Warps: Einstein's Outrageous Legacy*, 306-7.
(5) Zel'dovich, Ya. B., and I. D. Novikov. *Vestnik Akademii Nauk SSSR* 42 (February 1972) .
(6) Ibid.
(7) Tucker, Wallace, and Riccardo Giacconi. *The X-Ray Universe*, 42.
(8) Giacconi, Riccardo, et al. *Physical Review Letters* 9 (1962), 439.
(9) AIP, Richard Hirsh interview with Riccardo Giacconi, 12 July 1976.
(10) Tucker, Wallace, and Riccardo Giacconi. *The X-Ray Universe*, 43.
(11) Thorne, Kip S. Comments on *Astrophysics and Space Physics* 2 (1970),191.
(12) Sullivan, Walter. *New York Times*, 1 April 1971.
(13) Wade, C. M., and R. M. Hjellming. *Nature* 235 (1972). and Bolton, C. T. *Nature* 235 (1972) . を見よ。
(14) Bolton, C. T. *Nature Physical Science* (11 December 1972) .
(15) Hawking, Stephen, and Werner Israel, eds. *Three Hundred Years of Gravitation*, 249.
(16) Thorne, Kip S. *Black Holes and Time Warps: Einstein's Outrageous Legacy*, 315.
(17) Irion, Robert. Irion, Robert. "A Quasar in Every Galaxy?" *Sky and Telescope* 112 (July 2006) : 40-46.*Sky and Telescope* 112 (July 2006), 42.
(18) Lynden-Bell, D. *Nature* (1969) .
(19) Bartusiak, Marcia. *Thursday's Universe*, 163.

第12章 ブラックホールはそれほど黒くない

(1) Ferguson, Kitty. *Stephen Hawking: An Unfettered Mind*, 30.
(2) Hawking, S. W. *A Brief History of Time: From the Big Bang to Black Holes*, 99.
(3) Ibid. 99.
(4) Hajicek, P. *General Relativity and Gravitation* 2 (1971), 178.

(39)　Kerr, Roy Patrick. In *Quasi-Stellar Sources and Gravitational Collapse: Including the Proceedings of the First Texas Symposium on Relativistic Astrophysics*, 99.

(40)　Thorne, Kip S. *Black Holes and Time Warps: Einstein's Outrageous Legacy*, 342.

(41)　Interview with Kerr, 12 December 2013.

(42)　Penrose, R. *Rivista del Nuovo Cimento, Numero Speziale* 1 (1969).

(43)　Hawking, S. W. *Communications in Mathematical Physics* 25 (1972), Carter, B. Physical Review Letters 26 (1971), and Robinson, D. C. *Physical Review Letters* 34 (1975).

(44)　Chandrasekhar, S. *Truth and Beauty: Aesthetics and Motivations in Science*, 54.

(45)　Wolpert, Stanley. *A New History of India*, 8th ed., 179.

(46)　Bartusiak, Marcia. *Einstein's Unfinished Symphony*, 62.

(47)　Interview with Joseph Taylor, 11 December 2013.

(48)　E-mail communication with Stephen Maran, 27 May 2014.

(49)　Brancazio, Peter J., and A. G. W. Cameron, eds. *Supernovae and Their Remnants: Proceedings of the Conference on Supernovae*.

(50)　Wheeler, John Archibald. *American Scientist* 56 (1968) , 8-9.

(51)　Rosenfeld, Albert. *Life*, 24 January 1964, 11.

(52)　Phone interview with Rosenfeld, 2012.

(53)　Ewing, Ann. *Science News Letter*, 18 January 1964, 39.

(54)　black hole という用語の起源について Hong-Yee Chiu（丘宏義）が知っていることを書いた Physics Today 宛の 手紙（2009 年 5 月 25 日付け）は掲載されなかったが、Chiu から親切にもコピーの提供を受けた。

(55)　John Dicke から Loyala University の物理学者 Martin McHugh への電子メール。使用を許可してくれた両者に感謝。

(56)　Thorne, Kip S. *Black Holes and Time Warps: Einstein's Outrageous Legacy*, 256.

(57)　たとえば、Kafka, P. *Mitteilungen der Astronomischen Gesellschaft* 27 (1969),134. とか Sullivan, Walter. *New York Times*, 14 April 1968.

(58)　Wheeler, John Archibald, and Kenneth Ford. *Geons, Black Holes, and Quantum Foam*, 297.

(59)　Ibid. 297.

(60)　Wheeler, John Archibald. *A Journey into Gravity and Spacetime*, 211.

第 10 章　中世の拷問台

(1)　E-mail communication with Hong-Yee Chiu（丘宏義）, 3 January 2014.

(2)　Alexander, Tom. *Fortune* (December 1969), 101

(3)　E-mail communication with Alan Lightman, 21 JUne 2014.

(4)　Bartusiak, Marcia. *Omni* (December 1982), 108.

(5)　Sullivan, Walter. *New York Times*, 4 April 1971.

(6)　*Time*, 4 September 1978, 50-59.

(7)　Ibid.

(8)　Wheeler, J. Craig. *Cosmic Catastrophes: Exploding Stars, Black Holes, and Mapping the Universe*, 182.

Relativistic Astrophysics, 470.
（13） Ibid. v.
（14） Green, Louis C. *Sky and Telescope* 27（February 1964）, 82.
（15） Robinson, Ivor, Alfred Schild, and E. L. Schücking, eds. *Quasi-Stellar Sources and Gravitational Collapse: Including the Proceedings of the First Texas Symposium on Relativistic Astrophysics*, 17.
（16） Ibid. 27.
（17） Green, Louis C. *Sky and Telescope* 27（February 1964）, 83.
（18） Chiu, Hong-Yee. *Physics Today* 17（May 1964）, 26.
（19） Green, Louis C. *Sky and Telescope* 27（February 1964）, 83.
（20） Ibid. 84.
（21） Zel'dovich, Ya. B., and I. D. Novikov. *Vestnik Akademii Nauk SSSR* 42（February 1972）. を見よ。
（22） Robinson, Ivor, Alfred Schild, and E. L. Schücking, eds. *Quasi-Stellar Sources and Gravitational Collapse: Including the Proceedings of the First Texas Symposium on Relativistic Astrophysics*, 437.
（23） Schücking, Engelbert L. *Physics Today* 42（August 1989）, 50.
（24） Gamow, George. *Gravity*, 135.
（25） APS, Wheeler Papers, box 18, Minser folder 1, Wheeler to Kenneth Case, 17 January 1964.
（26） Pound, R. V., and G. A. Rebka Jr. *Physical Review Letters* 4（1960）.
（27） Kerr, after dinner talk, Kerr Conference, Potsdam, Germany, 4 July 2013. http://www.ker-conference.org/content/videoclip-archive.
（28） Melia, Fulvio. *Cracking the Einstein Code: Relativity and the Birth of Black Hole Physics*, 64.
（29） Ibid. 70.
（30） Interview with Kerr, 12 December 2013.
（31） Melia, Fulvio. *Cracking the Einstein Code: Relativity and the Birth of Black Hole Physics*, 75. さらに、Kerr, Roy Patrick. arXiv.org, arXiv:0706.1109VI [gr-qc], *General Relativity and Quantum Cosmology*, 19.
（32） Lense, J., and H. Thirring. *Physikalische Zeitschrift* 19（1918）. を見よ。
（33） Melia, Fulvio. *Cracking the Einstein Code: Relativity and the Birth of Black Hole Physics*, 75.
（34） Kerr, Roy Patrick. arXiv.org, arXiv:0706.1109VI [gr-qc], *General Relativity and Quantum Cosmology*, 21.
（35） Melia, Fulvio. *Cracking the Einstein Code: Relativity and the Birth of Black Hole Physics*, 76.
（36） Kerr, Roy Patrick. In *Quasi-Stellar Sources and Gravitational Collapse: Including the Proceedings of the First Texas Symposium on Relativistic Astrophysics*.
（37） Kerr, after dinner talk, Kerr Conference, Potsdam, Germany, 4 July 2013.
（38） Kerr, "The Kerr Solution at the First Texas Symposium 1963," 27th Texas Symposium, 11 December 2013.

Gravitational Collapse: Including the Proceedings of the First Texas Symposium on Relativistic Astrophysics, xv.
（18） Bartusiak, Marcia. *Thursday's Universe*, 151.
（19） Schmidt, Maarten. *Nature* 197（1963）.
（20） 物理学者の Hong-Yee Chiu（丘宏義）は、1964 年にこの用語を、First Texas Symposium について書いた彼の *Physics Today* の記事の中で使っている。Chiu, Hong-Yee. *Physics Today* 17（May 1964）を見よ。
（21） Schmidt, Maarten. *Astrophysical Journal* 162（1970）, 371.
（22） Bartusiak, Marcia. *Thursday's Universe*, 152.
（23） Hawking, Stephen, and Werner Israel, eds. *Three Hundred Years of Gravitation*. Cambridge, 246.
（24） Schmidt, Maarten. In *Modern Cosmology in Retrospect*, ed. B. Bertotti et al., 351.
（25） Hoyle, F., and William A. Fowler. *Nature* 197（1963）, 535.
（26） Ginzburg, V. L. *Soviet Astronomy* 5（1961）.
（27） Robinson, Ivor, Alfred Schild, and E. L. Schücking, eds. *Quasi-Stellar Sources and Gravitational Collapse: Including the Proceedings of the First Texas Symposium on Relativistic Astrophysics*, iv.
（28） Kaiser, David. PhD diss. chap.10 "Roger Babson and the Rediscovery of General Relativity." を見よ。
（29） Robinson, Ivor, Alfred Schild, and E. L. Schücking, eds. *Quasi-Stellar Sources and Gravitational Collapse: Including the Proceedings of the First Texas Symposium on Relativistic Astrophysics*, v.
（30） APS, Wheeler Papers, box 20, Penrose folder, Roger Penrose to Wheeler, 9 September 1963.

第９章　ブラックホールって呼べば？

（1） Schücking, Engelbert L. *Physics Today* 42（August 1989）, 48.
（2） Ibid. 48.
（3） Ibid. 49.
（4） Ibid. 49.
（5） Ibid. 48-49.
（6） Ibid. 50.
（7） Ren は、27th Texas Symposium, Dallas, 11 December 2013 の討論会で "Recollections of the Relativistic Astrophysics Revolutions," としている。
（8） Hawking, Stephen, and Werner Israel, eds. *Three Hundred Years of Gravitation*. Cambridge, 245.
（9） Schücking, Engelbert L. *Physics Today* 42（August 1989）, 50.
（10） Green, Louis C. *Sky and Telescope* 27（February 1964）, 80.
（11） Ibid. 84.
（12） Robinson, Ivor, Alfred Schild, and E. L. Schücking, eds. *Quasi-Stellar Sources and Gravitational Collapse: Including the Proceedings of the First Texas Symposium on*

Theoretical Physics 12, no. 1（1961）, no. 3（1961）.

（65） Wheeler, John Archibald, and Kenneth Ford. *Geons, Black Holes, and Quantum Foam*, 297.

（66） Wheeler, John Archibald. *American Scientist* 56（1968）, 5.

（67） AIP, Alan Lightman interview with Roger Penrose, 24 January 1989.

（68） Penrose が、27th Texas Symposium, Dallas, 11 December 2013 の討論会 "Recollections of Relativistic Astrophysics Revolution" の中で語っている。

（69） Penrose, R. *Physical Review Letters* 14（1965）.

（70） Hawking, Stephen, and Werner Israel, eds. *Three Hundred Years of Gravitation*. 253.

（71） Penrose, R. *Physical Review Letters* 14（1965）, 58.

（72） Wheeler, John Archibald. *American Scientist* 56（1968）, 9.

（73） Ibid. 11.

（74） Thorne, Kip S. *Black Holes and Time Warps: Einstein's Outrageous Legacy*. 296-98.

（75） Ibid. 268.

第８章 こんな奇妙なスペクトルは見たことがない

（1） Sullivan, Woodruff T., Ⅲ. In *Serendipitous Discoveries in Radio Astronomy: Proceedings of a Workshop Held at the National Radio Astronomy Observatory*, 42.

（2） Kraus, John. *Serendipitous Discoveries in Radio Astronomy: Proceedings of a Workshop Held at the National Radio Astronomy Observatory*, 58.

（3） Jansky, Karl. *Proceedings of the Institute of Radio Engineers* 21（1933）を見よ。

（4） Friis, Harold. *Science*（1965）, 842.

（5） *New York Times*, 5 May 1933.

（6） *New York Times*, 16 May 1933.

（7） Jansky, Karl. *Proceedings of the Institute of Radio Engineers* 23（1935）, 1162.

（8） Sullivan, Woodruff T., Ⅲ. In *Serendipitous Discoveries in Radio Astronomy: Proceedings of a Workshop Held at the National Radio Astronomy Observatory*, 54.

（9） Reber, Grote. *Astrophysical Journal* 91（1940）.

（10） Ibid.

（11） Hawking, Stephen, and Werner Israel, eds. *Three Hundred Years of Gravitation*, 241.

（12） Thorne, Kip S. *Black Holes and Time Warps: Einstein's Outrageous Legacy*, 339. Burbidge, G. R. *Astrophysical Journal* 28（July 1958）: 1-8, In *Radio Symposium on Radio Astronomy*, ed. Ronald N. Bracewell, 541-53. も見よ。

（13） Thorne, Kip S. *Black Holes and Time Warps: Einstein's Outrageous Legacy*, 340.

（14） *Sky and Telescope* 21（March 1961）, 148.

（15） Thorne, Kip S. *Black Holes and Time Warps: Einstein's Outrageous Legacy*, 335.

（16） Hawking, Stephen, and Werner Israel, eds. *Three Hundred Years of Gravitation*, 243. また、*Sky and Telescope* 21（March 1961）, 148. も見よ。

（17） Robinson, Ivor, Alfred Schild, and E. L. Schücking, eds. *Quasi-Stellar Sources and*

（29） AIP, Kenneth Foed interview with John Wheeler, Section Ⅸ , 4 March 1994.

（30） Wheeler, John Archibald, and Kenneth Ford. *Geons, Black Holes, and Quantum Foam*, 229.

（31） Ibid., 106-7.

（32） Ibid., 229.

（33） Hoyle, F., et al. *Astrophysical Journal* 139（1964）, 909.

（34） Wheeler, John Archibald, and Kenneth Ford. *Geons, Black Holes, and Quantum Foam*, 21.

（35） Conniff, James C. G. *Today-The Philadelphia Inquirer*, 14.

（36） Interview with Robert Fuller, 11 September 2013.

（37） Thorne, Kip S. *Black Holes and Time Warps: Einstein's Outrageous Legacy*, 210.

（38） Harrison, B. K., M. Wakano, and J. A. Wheeler. In *La Structure et l'évolution de l'univers*, 140.

（39） Ibid., 137.

（40） Ibid., 140.

（41） Ibid., 141.

（42） Klauder, John R., ed. *Magic Without Magic*, 231.

（43） Hawking, Stephen, and Werner Israel, eds. *Three Hundred Years of Gravitation*, 231.

（44） Ibid., 231.

（45） Thorne, Kip S. *Black Holes and Time Warps: Einstein's Outrageous Legacy*, 222.

（46） Sakharov, Andrei. *Memoirs*, 102.

（47） Thorne, Kip S. *Black Holes and Time Warps: Einstein's Outrageous Legacy*, 261.

（48） Ibid., 261.

（49） Ibid., 239.

（50） APS, Wheeler Papers, box 133, transcript Wheeler interview with Jeremy Bernstein, folder 1, p.147.

（51） Thorne, Kip S. *Black Holes and Time Warps: Einstein's Outrageous Legacy*, 240-41.

（52） Ibid., 255.

（53） Ibid., 244.

（54） Finkelstein, David. *Physical Review* 110（1958）を見よ。

（55） Kruskal, M. D. *Physical Review* 119（1960）.

（56） Hawking, Stephen, and Werner Israel, eds. *Three Hundred Years of Gravitation*, 238.

（57） Ibid., 238.

（58） Eisenstaedt, Jean. *The Curious History of Relativity*, 293.

（59） Ibid., 299.

（60） Beckedorff, D. L. *AB thesis*.

（61） Interview with Misner, 25 November 2013.

（62） Ibid.

（63） Rindler, W. *Monthly Notices of the Royal Astronomical Society* 116（1956）, 663.

（64） Lifshitz, E. M., and I. M. Khalatnikov. *Soviet Physics-Journal of Experimental and*

(2) Hawking, Stephen, and Werner Israel, eds. *Three Hundred Years of Gravitation*, 250.

(3) Kaiser, David. PhD diss., 576. 私が、Roger Babsonの重力物理学に対する異例とも言える貢献について知ったのは、David Kaiserによるものであった。

(4) Ibid., 577.

(5) Ibid., 582-83. Babsonはその後水難救助中に同じように孫を失っている。

(6) Ibid., 574.

(7) https://en.wikipedia.org/wiki/Gravity_Research_Foundation. を見よ。

(8) Kaiser, David. PhD diss., 574.

(9) Rickles, Dean. In *The Role of Gravitation in Physics*, 11.

(10) DeWitt, Bryce. Winning paper submitted to Gravity Research Foundation's essay contest in 1953, 30.

(11) Rickles, Dean. In *The Role of Gravitation in Physics*, 9.

(12) Ibid., 13.

(13) Kaiser, David. PhD diss., 592.

(14) Ibid., 594.

(15) Dyson, Freeman. *Proceedings of the American Philosophical Society* 154 (March 2010), 126.

(16) APS, Wheeler Papers, box 18, Misner folder 1, Wheeler to Kenneth Csase, 17 January 1964.

(17) APS, Wheeler Papers, box 149, folder 12, Beckenstein to Wheeler, 23 August 1976.

(18) Dyson, Freeman. *Proceedings of the American Philosophical Society* 154 (March 2010), 128.

(19) Wheeler, John Archibald, and Kenneth Ford. *Geons, Black Holes, and Quantum Foam*, 71-81.

(20) Ibid., 86.

(21) Ibid., 92-93.

(22) APS, Wheeler Papers, box 133, Wheeler interview with Jeremy Bernstein, folder 1, p.26.

(23) Wheeler, John Archibald, and Kenneth Ford. *Geons, Black Holes, and Quantum Foam*, 142.

(24) Bohr, Niels, and John Archibald Wheeler. *Physical Review* 56 (1939).

(25) Wheeler, John Archibald, and Kenneth Ford. *Geons, Black Holes, and Quantum Foam*, 159.

(26) APS, Wheeler Papers, Relativity notebook, vol. 39. それ以前、一般相対性論はプリンストン大学の数学部で教えられていた。ハーヴァード大学の物理学部は、1967年になるまで一般相対性論はカリキュラムに加えられなかった。Kaiser, David. *Studies in History and Philosophy of Modern Physics* 29 (1998), 321-22. を見よ。

(27) Wheeler, John Archibald, and Kenneth Ford. *Geons, Black Holes, and Quantum Foam*, 228.

(28) APS, Wheeler Papers, box 184, Mentor and Sounding Board folder, p.6.

Recollections, 208-9.
(31) Oppenheimer, J. R., and H. Snyder. *Physical Review* 56 (1939), 456.
(32) Hawking, Stephen, and Werner Israel, eds. *Three Hundred Years of Gravitation*, 226-27.
(33) Hufbauer, Karl. *Historical Studies in the Physical and Biological Sciences* 37 (2007), 353.
(34) Dyson, Freeman. *Physics Today* 63 (December 2010), 47. Oppenheimer はかつて、物理学者の Hong-Yee Chiu（丘宏義）に、重力崩壊天体に関するこの論文は "was just an exercise for his students to work on Ph.D. thesis." と話している。E-mail communication with Chiu, 3 January 2014.
(35) Dyson, Freeman. *Physics Today* 63 (December 2010), 46.
(36) Einstein, Albert. *Annals of Mathematics* 40 (1939).
(37) Earman, John, and Jean Eisenstaedt. *Studies in the History and Philosophy of Modern Physics* 30 (1999), 225.
(38) Einstein, Albert. *Annals of Mathematics* 40 (1939), 922.
(39) Ibid., 922-923.
(40) Earman, John, and Jean Eisenstaedt. *Studies in the History and Philosophy of Modern Physics* 30 (1999), 230.
(41) Thorne, Kip S. *Black Holes and Time Warps: Einstein's Outrageous Legacy*, 137.
(42) Ibid., 139.
(43) Chandrasekhar, S. *Truth and Beauty: Aesthetics and Motivations in Science*, 69.
(44) Beyerchen, Alan. *Scientists Under Hitler: Politics and the Physics Community in the Third Reich*, 132-33.
(45) これは前例がないわけではなかった。Maxwell が彼の電磁気学の法則を導入して約 40 年のちの 1904 年、Kelvin 卿は "The so-called 'electromagnetic theory of light' has not helped us hitherto....It seems to me that it is rather a backward step." と書いている。Kelvin, Baltimore Lectures, vii, 9.
(46) Eisenstaedt, Jean. *The Curious History of Relativity*, 242.
(47) Ibid., 234.
(48) Ibid., 234.
(49) Chandrasekhar, S. *Truth and Beauty: Aesthetics and Motivations in Science*, 117.
(50) Eisenstaedt, Jean. *The Curious History of Relativity*, 247-48.
(51) Infeld, L., ed. *Conférence internationale sur les théories relativistes de la gravitation*, xv-xxvi.
(52) Ferreira, Pedro G. *The Perfect Theory*, 84.
(53) Feynman, R. P., et al. *Feynman Lectures on Gravitation*, xxvii.
(54) Infeld, L., ed. *Conférence internationale sur les théories relativistes de la gravitation*, xv.

第７章　物理学者になって最高でした

(1) DeWitt, Bryce. *General Relativity and Gravitation* 41 (2009), 414.

245.

第６章　重力場だけが存続

(1) Hufbauer, Karl. *Historical Studies in the Physical and Biological Sciences* 37 (2007), 344.
(2) Ibid., 345.
(3) Landau, L. *Nature* 141 (1938), 334.
(4) Ibid., 334.
(5) Gamow, George. *Structure of Atomic Nuclei and Nuclear Transformations*, 235.
(6) Ibid., 238.
(7) Landau, L. Landau, L. *Nature* 141 (1938).
(8) Ibid., 334.
(9) Thorne, Kip S. *Black Holes and Time Warps: Einstein's Outrageous Legacy*, 186.
(10) Hufbauer, Karl. *Historical Studies in the Physical and Biological Sciences* 37 (2007), 352.
(11) Thorne, Kip S. *Black Holes and Time Warps: Einstein's Outrageous Legacy*, 186.
(12) Cassidy, David C. J. *Robert Oppenheimer and the American Century*, 175.
(13) Hufbauer, Karl. In *Reappraising Oppenheimer: Centennial Studies and Reflections*, ed. Cathryn Carson and David A., 39.
(14) Oppenheimer, J. R., and Robert Serber. *Physical Review* 54 (1938). この論文の脚注で、著者はこの件の問題の議論に関して Bethe に感謝している。
(15) Hufbauer, Karl. *Historical Studies in the Physical and Biological Sciences* 37 (2007), 352.
(16) Cassidy, David C. J. *Robert Oppenheimer and the American Century*, 16.
(17) Ibid., 17.
(18) Ibid., 135.
(19) Ibid., 154.
(20) Ferreira, Pedro G. *The Perfect Theory*, 58.
(21) Hufbauer, Karl. *Historical Studies in the Physical and Biological Sciences* 37 (2007), 341.
(22) Cassidy, David C. J. *Robert Oppenheimer and the American Century*, 174.
(23) Hufbauer, Karl. In *Reappraising Oppenheimer: Centennial Studies and Reflections*, ed. Cathryn Carson and David A., 41-42.
(24) Ibid., 42.
(25) Oppenheimer, J. R., and G. M. Volkoff. *Physical Review* 55 (15 February 1939).
(26) Thorne, Kip S. *Black Holes and Time Warps: Einstein's Outrageous Legacy*, 207.
(27) Oppenheimer, J. R., and G. M. Volkoff. *Physical Review* 55 (15 February 1939), 380.
(28) Ibid., 381.
(29) Thorne, Kip S. *Black Holes and Time Warps: Einstein's Outrageous Legacy*, 212.
(30) Smith, Alice Kimball, and Charles Weiner, eds. *Robert Oppenheimer: Letters and*

(47) Wali, Kameshwar C. *Chandra: A Biography of S. Chandrasekhar*, 146.
(48) Hawking, Stephen, and Werner Israel, eds. *Three Hundred Years of Gravitation*, 222.
(49) Chandrasekhar, S. *Contemporary Physics* 15 (1974), 5.

第５章　厄介者登場

(1) IAU Circular No.2826, 1975. Mobberley, Martin. *Cataclysmic Cosmic Events and How to Observe Them*, 52. Shipman, Harry L. The Restless Universe. 308. "Fascination with Celestial Events Is Deeply Ingrained."
(2) Russell, Henry Norris. In *Novae and White Dwarfs*, vol. I, ed. Knut Lundmark et al., 1-5. *Colloque International d'Astrophysique*, 17-23 July 1939, Paris, 2.
(3) Wade, Richard A., et al. *Astrophysical Journal* 102 (1991),1738.
(4) Comins, Neil F., and William J. Kaufmann. *Discovering the Universe: From the Stars to the Planets*, 222.
(5) Russell, Henry Norris. In *Novae and White Dwarfs*, vol. I, ed. Knut Lundmark et al., 1-5. *Colloque International d'Astrophysique*, 17-23 July 1939, Paris, 2.
(6) Ibid., 4.
(7) Osterbrock, Donald E. *Walter Baade: A Life in Astrophysics*, 57.
(8) Hubble, Edwin. *Astrophysical Journal* 69 (1929), 127. を見よ。
(9) Osterbrock, Donald E. *Walter Baade: A Life in Astrophysics*, 57.
(10) Ibid., 3.
(11) Robinson, Ivor, Alfred Schild, and E. L. Schücking, eds. *Quasi-Stellar Sources and Gravitational Collapse*: Including *the Proceedings of the First Texas Symposium on Relativistic Astrophysics*, xi.
(12) Osterbrock, Donald E. *Walter Baade: A Life in Astrophysics*, 8.
(13) Baade, W., and F. Zwicky. *Proceedings of the National Academy of Sciences* 20 (May 1934). 天文学者 Donald Osterbrock は、この研究のほとんどが Baade の仕事だったと信じている。Osterbrock, Donald E. *Walter Baade: A Life in Astrophysics*, 58. を見よ。
(14) Lundmark, K. *Lund Observatory Circular* 8 (1932).
(15) Zwicky, Fritz. *Morphological Astronomy*, 11.
(16) Zwicky, Fritz. *Helvetica Physica Acta* 6 (1933), 122.
(17) Bartusiak, Marcia. *Through a Universe Darkly*, 196.
(18) Chadwick, J. *Nature* 129 (1932).
(19) Baade, W., and F. Zwicky. *Proceedings of the National Academy of Sciences* 20 (May 1934), 263. Baade が超新星の観測を実施している一方、Zwicky は理論的な考察をほとんど担当していたと信じられていた。Osterbrock, Donald E. *Walter Baade: A Life in Astrophysics*, 58-59. を見よ。
(20) Wheeler, J. Craig. *Cosmic Catastrophes: Exploding Stars, Black Holes, and Mapping the Universe*, 36-37.
(21) McClintock, Jeffrey. *Sky and Telescope* (January 1988), 30.
(22) Chandrasekhar, S. In *Novae and White Dwarfs*, vol. 3, ed. Knut Lundmark et al.,

(15)　Öpik, E. *Astrophysical Journal* 44 (1916), 302.
(16)　Eddington, Arthur. *Stars and Atoms*, 50.
(17)　Fowler, Ralph H. *Monthly Notices of the Royal Astronomical Society* 87 (December 1926).
(18)　AIP, Spencer Weart interview with Subrahmanyan Chandrasekhar, 17 May 1977. http://www.aip.org/history/ohilist/4551_1.html. を見よ。
(19)　Chandrasekhar, S. *Astrophysical Journal* 74 (1931).
(20)　AIP, Spencer Weart interview with Subrahmanyan Chandrasekhar, 17 May 1977.
(21)　Wali, Kameshwar C. *Physics Today* 64 (July 2011).
(22)　Chandrasekhar, S. *Monthly Notices of the Royal Astronomical Society* 91 (1931), 463.
(23)　Landau, L. *Physikalische Zeitschrift der Sowjetunion* 1 (1932), 287.
(24)　Ibid., 287.
(25)　Hufbauer, Karl. *Historical Studies in the Physical and Biological Sciences* 37 (2007), 340.
(26)　Landau, L. *Physikalische Zeitschrift der Sowjetunion* 1 (1932), 287-88.
(27)　Chandrasekhar, S. *Zeitschrift für Astrophysik* 5 (1932), 327.
(28)　Miller, Arthur I. *Empire of the Stars: Obsession, Friendship, and Betrayal in the Quest for Black Holes*, 81-82
(29)　Chandrasekhar, S. *Observatory* 57 (1934), 377.
(30)　AIP, Spencer Weart interview with Subrahmanyan Chandrasekhar, 17 May 1977.
(31)　Ibid.
(32)　Thorne, Kip S. *Black Holes and Time Warps: Einstein's Outrageous Legacy*, 153.
(33)　Wali, Kameshwar C. *Chandra: A Biography of S. Chandrasekhar*, 124.
(34)　Miller, Arthur I. *Empire of the Stars: Obsession, Friendship, and Betrayal in the Quest for Black Holes*, 103
(35)　Chandrasekhar, S. *Monthly Notices of the Royal Astronomical Society* 95 (1935), 207.
(36)　*Observatory* 58 (1935), 38.
(37)　Miller, Arthur I. *Empire of the Stars: Obsession, Friendship, and Betrayal in the Quest for Black Holes*, 11.
(38)　*Observatory* 58 (1935), 38-39.
(39)　Eddington, Arthur. *Monthly Notices of the Royal Astronomical Society* 95 (1935), 195.
(40)　Thorne, Kip S. *Black Holes and Time Warps: Einstein's Outrageous Legacy*, 162.
(41)　Nauenberg, Michall. *Journal for the History of Astronomy* 39 (2008), 301.
(42)　Miller, Arthur I. *Empire of the Stars: Obsession, Friendship, and Betrayal in the Quest for Black Holes*, 109.
(43)　Chandrasekhar, S. *Truth and Beauty: Aesthetics and Motivations in Science*, 132.
(44)　Werner Israel との e-mail communication, 2 December 2013.
(45)　Wali, Kameshwar C. *Chandra: A Biography of S. Chandrasekhar*, 145.
(46)　1960年代初めの天体物理学関係の雑誌の論文からで、"Chandrasekhar's limiting mass" として使われるようになった。

ついて特に言及している。
(13) Piaggio, H. T. H., and J. Critchlow. *Philosophical Magazine*, 7th ser., 1 (1926) を見よ。
(14) Eisenstaedt, Jean. *The Curious History of Relativity*. 261.
(15) Jeffreys, H. *Monthly Notices of the Royal Astronomical Society* 78 (1918) を見よ。
(16) Schwarzschild, K. *Sitzungsberichte der Königlich Preussischen Akademie der Wissenschaften zu Berlin* (1916), 434.http://cds.cern.ch/record/412373/files/9942033.pdf を見よ。
(17) Schemmel, Matthias. *Science in Context* 18 (2005), 464.
(18) Schwarzschild, K. *Sitzungsberichte der Königlich Preussischen Akademie der Wissenschaften zu Berlin, Phys.-Math. Klasse* (1916).
(19) Einstein, Albert. Volume 8 of The Collected Papers of Albert Einstein, trans. Ann M. Hentschel, 8:164.
(20) AIP, Spencer Weart interview with Martin Schwarzschild, 10 March 1977.
(21) Einstein, Albert. Volume 8 of The Collected Papers of Albert Einstein, trans. Ann M. Hentschel, 8:175.
(22) Anderson, A. *Philosophical Magazine* 39 (1920), 627.
(23) Lodge, Sir Oliver. *Philosophical Magazine* 41 (1921), 551.
(24) Ibid., 551

第４章　恒星がこれほど非常識な振る舞いをするはずがない。何か自然の法則があるはず！

(1) Bessel, F. W. *Monthly Notices of the Royal Astronomical Society* 6 (1844).
(2) Ibid., 139.
(3) Ibid., 136.
(4) Holberg, J. B., and F. Wesemael. *Journal of the History of Astronomy* 38 (2007), 167.
(5) Ibid., 162
(6) Welther, B. L. *Journal of the American Association of Variable Star Observers* 16 (1987), 34.
(7) Bond, George P. *American Journal of Science* 33 (1862), 286-87., Holberg, J. B., and F. Wesemael. *Journal of the History of Astronomy* 38 (2007), 165.
(8) Holberg, J. B., and F. Wesemael. *Journal of the History of Astronomy* 38 (2007), 170-71.
(9) DeVorkin, David. H. *Physics Today* 31 (March 1978), 32.
(10) 1783年、Herschelは、二重星の観測中に発見した。Herschel, William. *Philosophical Transactions of the Royal Society of London* 75 (1785), 73. を見よ。
(11) Adams, W. S. *Publications of the Astronomical Society of the Pacific* 26 (1914).
(12) Philip, A. G. Davis, and D. H. DeVorkin, eds. *Dudley Observatory Report* 13 (1977), 90.
(13) Adams, W. S. *Publications of the Astronomical Society of the Pacific* 27 (1915).
(14) Öpik, E. *Astrophysical Journal* 44 (1916)., Eddington, Arthur. *Observatory* 47 (1924).

（16） Pais, Abraham. *The Science and the Life of Albert Einstein*, 212.

（17） Hoffmann, Banesh. *Albert Einstein: Creator and Rebel*, 125.

（18） Einstein, Albert. Volume 8 of The Collected Papers of Albert Einstein, 8:160.

（19） Wheeler, John Archibald, and Kenneth Ford. *Geons, Black Holes, and Quantum Foam*, 235.

（20） Einstein, Albert. In *Albert Einstein: Philosopher-Scientist*, ed. Paul Arthur Schilpp, 31.

（21） Einstein は1911年に具体的なテストを提案している。Einstein, Albert. *Annalen der Physik* 35（1911）.

（22） Eddington, Arthur. *Stars and Atoms*, 115.

（23） Ibid., 116.

（24） *New York Times*, 10 November 1917, 17.

（25） Einstein, Albert. Volume 10 of The Collected Papers of Albert Einstein, 10:265.

第３章　気が付けば、幾何学の国に

（1） Schwarzschild は、1915年12月22日付けで、彼の解をロシアの最前線から Einstein に書いている。Einstein, Albert. Volume 8 of The Collected Papers of Albert Einstein. も見よ。

（2） *Dictionary of Scientific Biography* の "Schwarzschild, Karl" の項目。彼は自らの論文 "On the Gravitational Field of a Mass point According to Einstein Theory" の中でこれらの言葉を使用している。最初に発表されたのは、*Sitzungsberichte der Königlich Preussischen Akademie der Wissenschaften zu Berlin, Phys.-Math. Klasse*（1916）:189-96. 他の英訳（Schwarzschild, "Gravitational Field of a Mass Point," 952）では、この部分は "lct Mr. Einstein result shine with increased clearness." となっている。

（3） Schwarzschild, K. *Vierteljahrsschrift der Astronomischen Gesellschaft* 35（1900）, 337. ドイツ語原文 "Man kann die Vorstellungen bis ins Einzelnste ausbilden, wie die Welt in einem sphärischen order pseudosphärischen [Geometrie]....Man befinder sich da — wenn man will — in einem geometrischen Märchenland, aber das Schöne an diesem Mären ist, dass man nicht weiss, ob es nicht am Ende doch Wirklichkeit ist." からの訳。英訳は、Chandrasekhar, S.,*Truth and Beauty*, 146.

（4） AIP, Spencer Weart interview with Martin Schwarzschild, 10 March 1977.

（5） Schemmel, Matthias. *Science in Context* 18（2005）, 456.

（6） Sampson, R. A. *Monthly Notices of the Royal Astronomical Society* 80（1919）, 155.

（7） Eisenstaedt, Jean. *The Curious History of Relativity*, 266.

（8） Eddington, Arthur. *The Internal Constitution of the Stars*, 6.

（9） Eisenstaedt, Jean. *The Curious History of Relativity*, 264.

（10） Ibid., 307-8.

（11） Wheeler, J. Craig. *Cosmic Catastrophes: Exploding Stars, Black Holes, and Mapping the Universe*, 179.

（12） Earman, John, and Jean Eisenstaedt. *Studies in the History and Philosophy of Modern Physics* 30（1999）, 186. Einstein は、*The Meaning of Relativity*, 3rd ed. 124. これに

1968), 149.

(32) Jungnickel, Christa, and Russell McCormmach. *Cavendish: The Experimental Life.*, 564.

(33) Michell, John. *Philosophical Transactions of the Royal Society of London* 74 (1784): 36-37.

(34) Ibid., 42.

(35) Laplace, P. S. *System of the World*, vol. 2. Trans. J. Pond., 367.

(36) Montgomery, Colin, Wayne Orchiston, and Ian Whittingham. *Journal of Astronomical History and Heritage* 12, no. 2 (2009), 93.

(37) Gillispie, Charles Coulston. *Pierre-Simon Laplace*, 1749-1827., 175

(38) Michell, John. *Philosophical Transactions of the Royal Society of London* 74 (1784), 50.

第２章　ニュートンよ、許したまえ

(1) Maxwell, James Clerk. *Philosophical Transactions of the Royal Society of London* 155 (1865) , 466.

(2) Maxwell, James Clerk. *In The Scientific Papers of James Clerk Maxwell*, vol. 2, ed. W. D. Niven, 244.

(3) Einstein, Albert. Volume 1 of The Collected Papers of Albert Einstein, 1:131.

(4) Einstein, Albert. In *Albert Einstein: Philosopher-Scientist*, ed. Paul Arthur Schilpp, 53.

(5) Lorentz et al. (tranlated), *Principle of Relativity*, 38. オリジナル論文は、Einstein, Albert. *Annalen der Physik* 17 (1905).

(6) Ibid., 38.

(7) Ibid., 38.

(8) Born, Max. In *Fünfzig Jahre Relativitätstheorie*, ed. André Mercier and Michel Kervaire, 250.

(9) Minkowski, Lorentz et al. (tranlated), *Principle of Relativity*, 75. これは、1908年9月21日の講演 Eightieth Assembly of German Natural Scietists and Physicians, Cologne, Germany. がオリジナルである。

(10) Fölsing, Albrecht. *Albert Einstein: A Biography*, 245.

(11) Pais, Abraham. *The Science and the Life of Albert Einstein*, 152.

(12) Einstein, Albert. Volume 5 of The Collected Papers of Albert Einstein, 5:324.

(13) Stachel, John. *Einstein from "B" to "Z."* 5.

(14) Eisenstaedt, Jean. *The Curious History of Relativity*, 67.

(15) Fölsing, Albrecht. *Albert Einstein: A Biography*, 245. この引用部分は、Einsteinが1917年に一般向けに、*Über die spezielle und allgemeine Relativitätstheorie, gemeinverständkich* (On the special and general theory of relativity, generally comprehensible) と題された特殊および一般相対性理論について書いた本からとられている。他にもこの引用部分は、general relativity "would perhaps have got no farther than its long clothes" などと訳されている。本書では、Fölsingの訳を採用した。

(2) Copermicus は、彼が没した1543年に出版された *De Evolutionibus Orbium Coelestium*（On the revolutions of the heavenly spheres）で、自説を述べている。

(3) William Gilbert, *De Magnete*（On the Magnet, 1600）を見よ。

(4) Johannes Kepler の *Epitome Astronomiae Copernicanae*（Epitome of Copernican astronomy, 1618-1621）で論じられている。

(5) 1629年～1633年の間に書かれ、1677年まで全文が出版されることのなかった René Descartes の *Le Monde*（The world）に書かれている。

(6) Westfal, Richard S. *Never at Rest*, 155.

(7) *Attempt to Prove the Motion of the Earth* と題された Hook の論文は1674年に出版された。1679年の Lectiones Cutlerianae で再掲されている。

(8) Westfall, Richard S. *Never at Rest*, 382.

(9) Brewster, David. *Memoirs of the Life, Writings and Discoveries of Sir Isaac Newton*, 193.

(10) Westfall, Richard S. *Never at Rest*, 403.

(11) Ibid., 103.

(12) Kepler, *Astronomia Nova*（The new astronomy, 1609）

(13) Newton, Isaac. *The Principia*. Trans. I. Bernard Cohen and Anne Whitman. 794.

(14) Ibid., 943.

(15) Halley, Edmund[or Edmond]. *A Synopsis of the Astronomy of Comets*.

(16) McCormmach, Russell. *British Journal for the History of Science* 4（December 1968）, 127.

(17) Hardin, Clyde. *Annals of Science* 22（1966）, 30.

(18) Jungnickel, Christa, and Russell McCormmach. *Cavendish*, 185.

(19) Crossley, Richard. *Annual Report*, 2003, 62.

(20) Ibid., 66.

(21) Montgomery, Colin, Wayne Orchiston, and Ian Whittingham. *Journal of Astronomical History and Heritage* 12, no. 2（2009）, 90.

(22) Crossley, Richard. *Annual Report*, 2003, 69.

(23) Montgomery, Colin, Wayne Orchiston, and Ian Whittingham. *Journal of Astronomical History and Heritage* 12, no. 2（2009）, 90.

(24) Michell, John. *Philosophical Transactions of the Royal Society of London* 57（1767）, 249.

(25) Montgomery, Colin, Wayne Orchiston, and Ian Whittingham. *Journal of Astronomical History and Heritage* 12, no. 2（2009）, 91.

(26) Michell, John. *Philosophical Transactions of the Royal Society of London* 57（1767）, 238.

(27) Ibid., 36.

(28) Ibid., 36.

(29) Jungnickel, Christa, and Russell McCormmach. *Cavendish: The Experimental Life.*, 344-45.

(30) Ibid., 565, n. 7.

(31) McCormmach, Russell. *British Journal for the History of Science* 4（December

原注および出典

略語

APS, American Philosophical Society Library, Philadelphia
AIP, American Institute of Physics, Niels Bohr Library and Archives, College Park, Maryland

はじめに

（1） Thorne, Kip S. *Black Holes and Time Warps*, 23.
（2） Wheeler, J. Craig. *Cosmic Catastrophes*, 176.
（3） この引用箇所は、しばしば19世紀の哲学者 Arthur Schopenhauer に帰せられる。彼の *Die Welt als Wille und Vorstellung*（The World as will and representation, 1818）の序文で、Schopenhauer は、"Der Wahrheit ist allerzeit nur ein kurzes Siegesfest beschieden, zwischen den beiden langen Zeiträumen, wo sie als Paradox verdammt und als Trivial gering geschätzt wird"（To truth only a brief celebration of victory is allowed between the two long periods during which it is condemned as paradoxical, or disparaged as trivial）と書いている。多くの者がこの文の変化形を考案している。Shallit, Jeffrey. "Science, Pseudoscience, and the Three Stages of Truth." Unpublished paper, 2005. https://cs.uwaterloo.ca/~shallit/Papers/stages.pdf. も見よ。
（4） Chandrasekhar, S. Notes and Records of the Royal Society 30（January 1976）, 249.
（5） Born, Max. In Funfzig Jahre Relativitatstheorie, ed. Andre Mercier and Michel Kervaire, 253.
（6） Begelman, Mitchell, and Martin Rees. *Gravity's Fatal Attraction*, 111.
（7） Wali, Kameshwar C. Physics Today 63（December 2010）, 13. また、"Subramanyan Chandrasekhler — Nobel Lecture: On Stars, Their Evolution and Their Stability" at http://www.nobelprize.org/nobel_prizes/physics/laureates/1983/Chandrasekhler-lecture.html も見よ。
（8） Wheeler, John Archibald, and Kenneth Ford. *Geons, Black Holes, and Quantum Foam.*, 5.

第１章　宇宙で最大級に明るい天体が見えなくなる理由

（1） Aristotle の *De caelo*（On the heavens）で論じられている。これは、紀元前4世紀頃に書かれた彼の宇宙論である。

University Press, 1985.
Wade, C. M., and R. M. Hjellming. "Position and Identification of the Cygnus X-1 Radio Source." *Nature* 235 (1972): 271.
Wade, Richard A., et al. "A Sharpened H α + [N II] Image of the Nebula Surrounding Nova V1500 Cygni (1975)." *Astrophysical Journal* 102 (1991): 1738-41.
Wali, Kameshwar C. "Chandra: A Biographical Portrait." *Physics Today* 63 (December 2010): 38-43.
——. *Chandra: A Biography of S. Chandrasekhar*. Chicago: University of Chicago Press, 1992.
——. "Placing Chandra's Work in Historical Context." *Physics Today* 64 (July 2011): 7,9.
Welther, B. L. "The Discovery of Sirius B: A Case of Strategy or Serendipity?" *Journal of the American Association of Variable Star Observers* 16 (1987): 34.
Westfall, Richard S. *Never at Rest: A Biography of Isaac Newton*. Cambridge: Cambridge University Press, 1980.
Wheeler, John Archibald. *A Journey into Gravity and Spacetime*. New York: Scientific American Library, 1990.
——. "The Lesson of the Black Hole." *Proceedings of the American Philosophical Society* 125 (February 1981): 25-37.
——. "Our Universe: The Known and the Unknown." *American Scientist* 56 (1968): 1-20.
——. "The Superdense Star and the Critical Nucleon Number." In *Gravitation and Relativity*, ed. Hong-Yee Chiu and William F. Hoffmann, 195-230. New York: W. A. Benjamin, 1964.
——. "The Universe in the Light of General Relativity." *Monist* 47 (1962): 40-76.
Wheeler, John Archibald, and Kenneth Ford. *Geons, Black Holes, and Quantum Foam*. New York: W. W. Norton, 1998.
Wheeler, J. Craig. *Cosmic Catastrophes: Exploding Stars, Black Holes, and Mapping the Universe*. Cambridge University Press, 2007.
Wolpert, Stanley. *A New History of India*, 8th ed. New York: Oxford University Press, 1997.
Zel'dovich, Ya. B. "The Fate of a Star and the Evolution of Gravitational Energy upon Accretion." *Soviet Physics Doklady* 9 (1964): 195.
Zel'dovich, Ya. B., and O. H. Guseynov. "Collapsed Stars in Binaries." *Astrophysical Journal* 144 (1966): 840-41.
Zel'dovich, Ya. B., and I. D. Novikov. "Gravitational Collapse ('Black Holes') and Searches for It." *Vestnik Akademii Nauk SSSR* 42 (February 1972): 16-20.
Zwicky, Fritz. *Morphological Astronomy*. Berlin:Springer, 1957.
——. "Die Rotverschiebung von extragalaktischen Nebeln [The redshift of extragalactic nebulae]." *Helvetica Physica Acta* 6 (1933): 110-27.

Schücking, Engelbert L. "The First Texas Symposium on Relativistic Astrophysics." *Physics Today* 42 (August 1989): 46-52.

Schwarzschild, K. "On the Gravitational Field of a Mass Point According to Einstein's Theory." *Sitzungsberichte der Königlich Preussischen Akademie der Wissenschaften zu Berlin, Phys.-Math. Klasse* (1916): 189-96.

——. "On the Gravitational Field of a Mass Point According to Einstein's Theory." Translated in *General Relativity and Gravitation* 35 (May 2003): 951-59.

——. "On the Gravitational Field of a Sphere of Incompressible Fluid According to Einstein's Theory." *Sitzungsberichte der Königlich Preussischen Akademie der Wissenschaften zu Berlin* (1916): 424-34.

——. "Ueber das zulässige Krümmungsmaass des Raumes." *Vierteljahrsschrift der Astronomischen Gesellschaft* 35 (1900): 337-47.

Shallit, Jeffrey. "Science, Pseudoscience, and the Three Stages of Truth." Unpublished paper, 2005. https://cs.uwaterloo.ca/~shallit/Papers/stages.pdf.

Shipman, Harry L. *The Restless Universe*. New York: Houghton Mifflin, 1978.

Smith, Alice Kimball, and Charles Weiner, eds. *Robert Oppenheimer: Letters and Recollections*. Cambridge, MA: Harvard University Press, 1980.

Stachel, John. *Einstein from "B" to "Z."* Boston: Birkhäuser, 2002.

Sullivan, A. M. "Music of the Spheres." *New York Times*, 26 August 1967.

Sullivan, Walter. *Black Holes: The Edge of Space, the End of Time*. Garden City, NY: Anchor, 1979.

——. "Probing the Mystery of the 'Black Holes.'" *New York Times*, 4 April 1971.

——. "Pulsations from Space." *New York Times*, 14 April 1968.

——. "An X-Ray Scanning Satellite May Have Discovered a 'Black Hole'in Space." *New York Times*, 1 April 1971.

Sullivan, Woodruff T., III. "Karl Jansky and the Beginnings of Radio Astronomy." In *Serendipitous Discoveries in Radio Astronomy: Proceedings of a Workshop Held at the National Radio Astronomy Observatory, Green Bank, West Virginia on May 4, 5, 6, 1983*, ed. K. Kellermann and B. Sheets, 39-56. Green Bank, WV: National Radio Astronomy Observatory, 1983.

Taylor, Edwin F., and John Archibald Wheeler. *Spacetime Physics: Introduction to Special Relativity*, 2nd ed. New York: Macmillan, 1992.

Taylor, Joseph H., Jr. "Binary Pulsars and Relativistic Gravity." *Reviews of Modern Physics* 66 (1994): 711-19.

Thorne, Kip S. *Black Holes and Time Warps: Einstein's Outrageous Legacy*. New York: W. W. Norton, 1994.

——. "Nonspherical Gravitational Collapse: Does It Produce Black Holes?" *Comments on Astrophysics and Space Physics* 2 (1970): 191-96.

Thorne, Kip S., Richard H. Price, and Douglas A. MacDonald, eds. *Black Holes: The Membrane Paradigm*. New Haven: Yale University Press, 1986.

"Those Baffling Black Holes." *Time*, 4 September 1978, 50-59.

Tucker, Wallace, and Riccardo Giacconi. *The X-Ray Universe*. Cambridge, MA: Harvard

Pound, R. V., and G. A. Rebka Jr. "Apparent Weight of Photon." *Physical Review Letters* 4 (1960): 337-41.

"Radio Waves Heard from Remote Space." *New York Times*, 16 May 1933.

Reber, Grote. "Cosmic Static." *Astrophysical Journal* 91 (1940): 621-24.

——. "Cosmic Static." *Astrophysical Journal* 100 (1944): 279-87.

Rees, Martin, Remo Ruffini, and John Archibald Wheeler. *Black Holes, Gravitational Waves and Cosmology: An Introduction to Current Research*. New York: Gordon and Breach, 1974.

Rickles, Dean. "The Chapel Hill Conference in Context." In *The Role of Gravitation in Physics: Report from the 1957 Chapel Hill Conference*, ed. Dean Rickles and Cécile M. DeWitt. Edition Open Access; Max Planck Research Library for the History and Development of Knowledge, 2011. http://www.edition-open-access.de/sources/5/index.html.

Rindler, W. "Visual Horizons in World-Models." *Monthly Notices of the Royal Astronomical Society* 116 (1956): 662-77.

Robinson, D. C. "Uniqueness of the Kerr Black Hole." *Physical Review Letters* 34 (1975): 905-6.

Robinson, Ivor, Alfred Schild, and E. L. Schücking, eds. *Quasi-Stellar Sources and Gravitational Collapse: Including the Proceedings of the First Texas Symposium on Relativistic Astrophysics*. Chicago: University of Chicago Press, 1965.

Rosenfeld, Albert. "What Are Quasi-Stellars? Heavens' New Enigma." *Life*, 24 January 1964, 11-12.

Ruffini, Remo, and John A. Wheeler. "Introducing the Black Hole." *Physics Today* 24 (January 1971): 30-41.

Russell, Henry Norris. "Address by Professor Henry Norris Russel [sic]." In *Novae and White Dwarfs*, vol. I, ed. Knut Lundmark et al., 1-5. Colloque International d'Astrophysique, 17-23 July 1939, Paris. Paris: Hermann, 1941.

Sakharov, Andrei. *Memoirs*. New York: Knopf, 1990.

Salpeter, E. E. "Accretion of Interstellar Matter by Massive Objects." *Astrophysical Journal* 140 (1964): 796-800.

Sampson, R. A. "On the Validity of the Principles of Relativity and Equivalence." *Monthly Notices of the Royal Astronomical Society* 80 (1919): 154-57.

Schaffer, Simon. "John Michell and Black Holes." *Journal for the History of Astronomy* 10 (1979): 42-43.

Schemmel, Matthias. "An Astronomical Road to General Relativity: The Continuity Between Classical and Relativistic Cosmology in the Work of Karl Schwarzschild." *Science in Context* 18 (2005): 451-78.

Schmidt, Maarten. "The Discovery of Quasars." In *Modern Cosmology in Retrospect*, ed. B. Bertotti et al., 347-54. Cambridge: Cambridge University Press, 1990.

——. "Space Distribution and Luminosity Functions of Quasars." *Astrophysical Journal* 162 (1970): 371-79.

——. "3C 273: A Star-Like Object with Large Red-Shift." *Nature* 197 (1963): 1040.

——. "On the Means of discovering the Distance, Magnitude, &c. of the Fixed Stars, in consequence of the Diminution of the Velocity of their Light, in case such a Diminution should be found to take place in any of them, and such other Data should be procured from Observations, as would be farther necessary for that Purpose." *Philosophical Transactions of the Royal Society of London* 74 (1784): 35-57.

Miller, Arthur I. *Empire of the Stars: Obsession, Friendship, and Betrayal in the Quest for Black Holes*. Boston: Houghton Mifflin, 2005.

Minkowski, H. "Space and Time." In H. A. Lorentz et al., *The Principle of Relativity*, 75-91. London: Methuen, 1923.

Misner, Charles. "Infinite Red-Shifts in General Relativity." In *The Nature of Time*, ed. T. Gold, 75-89. Ithaca, NY: Cornell University Press, 1967.

Mobberley, Martin. *Cataclysmic Cosmic Events and How to Observe Them*. New York: Springer, 2008.

Montgomery, Colin, Wayne Orchiston, and Ian Whittingham. "Michell, Laplace and the Origin of the Black Hole Concept." *Journal of Astronomical History and Heritage* 12, no. 2 (2009): 90-96.

Nauenberg, Michall. "Edmund C. Stoner and the Discovery of the Maximum Mass of White Dwarfs." *Journal for the History of Astronomy* 39 (2008): 297-312.

"New Radio Waves Traced to Centre of the Milky Way." *New York Times*, 5 May 1933.

Newton, Isaac. *The Principia*. Trans. I. Bernard Cohen and Anne Whitman. Berkeley: University of California Press, 1999.

Öpik, E. "On the Densities of Visual Binary Stars." *Astrophysical Journal* 44 (1916): 292-302.

Oppenheimer, J. R., and Robert Serber. "On the Stability of Stellar Neutron Cores." *Physical Review* 54 (1938): 540.

Oppenheimer, J. R., and H. Snyder. "On Continued Gravitational Contraction." *Physical Review* 56 (1939): 455-59.

Oppenheimer, J. R., and G. M. Volkoff. "On Massive Neutron Cores." *Physical Review* 55 (15 February 1939): 374-81.

Osterbrock, Donald E. *Walter Baade: A Life in Astrophysics.Princeton*, NJ: Princeton University Press, 2001.

Pais, Abraham. *"Subtle Is the Lord...": The Science and the Life of Albert Einstein*. Oxford: Oxford University Press, 1982.

Penrose, R. "Gravitational Collapse: The Role of General Relativity." *Rivista del Nuovo Cimento, Numero Speziale* 1 (1969): 252-76.

——. "Gravitational Collapse and Spacetime Singularities." *Physical Review Letters* 14 (1965): 57-59.

Philip, A. G. Davis, and D. H. DeVorkin, eds. "In Memory of Henry Norris Russell." *Dudley Observatory Report* 13 (1977).

Piaggio, H. T. H., and J. Critchlow. "A Supposed Relativity Method of Determining the Size of a Gravitating Particle." *Philosophical Magazine*, 7th ser., 1 (1926): 67-71.

"Placing Chandra's Work in Historical Context." *Physics Today* 64 (July 2011): 8-10.

Workshop Held at the National Radio Astronomy Observatory, Green Bank, West Virginia on May 4, 5, 6, 1983, ed. K. Kellermann and B. Sheets, 57-70. Green Bank, WV: National Radio Astronomy Observatory, 1983.

Kruskal, M. D. "Maximal Extension of Schwarzschild Metric." *Physical Review* 119 (1960): 1743-45.

Landau, L. "On the Theory of Stars." *Physikalische Zeitschrift der Sowjetunion* 1 (1932): 285-88.

——. "Origin of Stellar Energy." *Nature* 141 (1938): 333-34.

Laplace, P. S. *System of the World*, vol. 2. Trans. J. Pond. London: W. Flint, 1809.

Lense, J., and H. Thirring. "On the Influence of the Proper Rotation of Central Bodies on the Motions of Planets and Moons According to Einstein's Theory of Gravitation." *Physikalische Zeitschrift* 19 (1918): 156-63.

Lifshitz, E. M., and I. M. Khalatnikov. "On the Singularities of Cosmological Solutions of the Gravitational Equations, I." *Soviet Physics – Journal of Experimental and Theoretical Physics* 12, no. 1 (1961): 108,558.

——. "On the Singularities of Cosmological Solutions of the Gravitational Equations, II." *Soviet Physics – Journal of Experimental and Theoretical Physics* 12, no. 3 (1961): 558.

Lodge, Sir Oliver. "On the Supposed Weight and Ultimate Fate of Radiation." *Philosophical Magazine* 41 (1921): 549-57.

Lorentz, H. A., et al. *The Principle of Relativity*. New York: Methuen, 1923.

Lundmark, K. "The Pre-Tychonic Novae." *Lund Observatory Circular* 8 (1932): 216-18.

Lundmark, Knut, et al., eds. *Novae and White Dwarfs*. Colloque International d'Astrophysique, 17-23 July 1939, Paris. Paris: Hermann, 1941.

Lynden-Bell, D. "Galactic Nuclei as Collapsed Old Quasars." *Nature* (1969): 690-94.

Marolf, Donald, and Joseph Polchinski. "Gauge-Gravity Duality and the Black Hole Interior." *Physical Review Letters* III (2013): 171301-1-5.

Matthews, Thomas A., and Allan R. Sandage. "Optical Identification of 3C 48, 3C 196, and 3C 286 with Stellar Objects." *Astrophysical Journal* 138 (1963): 30-56.

Maxwell, James Clerk. "A Dynamical Theory of the Electromagnetic Field." *Philosophical Transactions of the Royal Society of London* 155 (1865): 459-512.

——. "Introductory Lecture on Experimental Physics." In *The Scientific Papers of James Clerk Maxwell*, vol. 2, ed. W. D. Niven, 241-55. Cambridge: Cambridge University Press, 1890.

McClintock, Jeffrey. "Do Black Holes Exist?" *Sky and Telescope* (January 1988): 28-33.

McCormmach, Russell. "John Michell and Henry Cavendish: Weighing the Stars." *British Journal for the History of Science* 4 (December 1968): 126-55.

Melia, Fulvio. *Cracking the Einstein Code: Relativity and the Birth of Black Hole Physics*. Chicago: University of Chicago Press, 2009.

Michell, John. "An Inquiry into the Probable Parallax, and Magnitude of the Fixed Stars, from the Quantity of Light Which They Afford us, and the Particular Circumstances of Their Situation." *Philosophical Transactions of the Royal Society of London* 57 (1767): 234-64.

——. "Landau's Youthful Sallies into Stellar Theory: Their Origins, Claims, and Receptions." *Historical Studies in the Physical and Biological Sciences* 37 (2007): 337-354.

——. "Stellar Structure and Evolution, 1924-1939." *Journal for the History of Astronomy* 37 (2006): 203-27.

Infeld, L., ed. *Conférence internationale sur les théories relativistes de la gravitation*, Warsaw and Jablonna, 25-31 July 1962. Paris: Gauthier-Villars, 1964.

International Astronomical Union Circular No. 2826, 2 September 1975.

Irion, Robert. "A Quasar in Every Galaxy?" *Sky and Telescope* 112 (July 2006): 40-46.

Israel, Werner. "From White Dwarfs to Black Holes: The History of a Revolutionary Idea." *Queen's Quarterly* 95 (1988): 78-89.

——. "Imploding Stars, Shifting Continents, and the Inconstancy of Matter." *Foundations of Physics* 26 (1996): 595-616.

Jansky, Karl. "Electrical Disturbances Apparently of Extraterrestrial Origin." *Proceedings of the Institute of Radio Engineers* 21 (1933): 1387-98.

——. "A Note on the Source of Interstellar Interference." *Proceedings of the Institute of Radio Engineers* 23 (1935): 1162.

Jeffreys, H. "The Compressibility of Dwarf Stars and Planets." *Monthly Notices of the Royal Astronomical Society* 78 (1918): 183-84.

Jungnickel, Christa, and Russell McCormmach. *Cavendish: The Experimental Life*. Cranbury, NJ: Bucknell University Press, 1999.

Kafka, P. "Discussion of Possible Sources of Gravitational Radiation." *Mitteilungen der Astronomischen Gesellschaft* 27 (1969): 134-38.

Kaiser, David. "Making Theory: I. Producing Physics and Physicists in Postwar America." PhD diss., Harvard University, 2000.

——. "A Ψ Is Just a Ψ? Pedagogy, Practice, and the Reconstitution of General Relativity, 1942-1975." *Studies in History and Philosophy of Modern Physics* 29 (1998): 321-38.

Kelvin, Lord. Baltimore Lectures: *On Molecular Dynamics and the Wave Theory of Light*. London: C. J. Clay and Sons, 1904.

Kennefick, Daniel. *Traveling at the Speed of Thought*. Princeton, NJ: Princeton University Press, 2007.

Kerr, Roy Patrick. "Discovering the Kerr and Kerr-Schild Metrics." arXiv.org, arXiv:0706.1109VI [gr-qc], General Relativity and Quantum Cosmology, 8 June 2007.

——. "Gravitational Collapse and Rotation." In *Quasi-Stellar Sources and Gravitational Collapse: Including the Proceedings of the First Texas Symposium on Relativistic Astrophysics*, ed. Ivor Robinson, Alfred Schild, and E. L. Sch□cking, 99-102. Chicago: University of Chicago Press, 1965.

——. "Gravitational Field of a Spinning Mass as an Example of Algebraically Special Metrics." *Physics Review Letters* 11 (September 1963): 237-38.

Klauder, John R., ed. *Magic Without Magic: John Archibald Wheeler, a Collection of Essays in Honor of His Sixtieth Birthday*. San Francisco: W. H. Freeman, 1972.

Kraus, John. "Karl Guthe Jansky's Serendipity, Its Impact on Astronomy and Its Lessons for the Future." *Serendipitous Discoveries in Radio Astronomy: Proceedings of a*

Physical Review Letters 9(1962): 439-43.
Gillispie, Charles Coulston. *Pierre-Simon Laplace, 1749-1827: A Life in Exact Science*. Princeton, NJ: Princeton University Press, 1997.
Ginzburg, V. L. "The Nature of the Radio Galaxies." *Soviet Astronomy* 5(1961): 282-83.
Gleiser, Marcelo. "Relativity's Later Years." *Journal for the History of Astronomy* 38 (November 2007): 522-24.
Green, Louis C. "Dallas Conference on Super Radio Sources." *Sky and Telescope* 27 (February 1964): 80-84.
Hajicek, P. "Report on the Fifth Texas Symposium on Relativistic Astrophysics." *General Relativity and Gravitation* 2(1971): 173-81.
Halley, Edmund[or Edmond]. *A Synopsis of the Astronomy of Comets*. London: John Senex, 1705.
Halpern, Paul, and Paul Wesson. *Brave New Universe: Illuminating the Darkest Secrets of the Universe*. Washington, DC: Joseph Henry Press, 2006.
Hardin, Clyde. "The Scientific Work of the Reverend John Michell." *Annals of Science* 22 (1966): 27-47.
Harrison, B. K., M. Wakano, and J. A. Wheeler. "Matter-Energy at High Density; End Point of Thermonuclear Evolution." In *La Structure et l'évolution de l'univers*. Onzième Conseil de Physique Solvay. Brussels: Stoops, 1958.
Harrison, B. Kent, et al. *Gravitation Theory and Gravitational Collapse*. Chicago: University of Chicago Press, 1965.
Hawking, S. W. "Black Hole Explosions?" *Nature* 248 (1974): 30-31.
——. "Black Holes in General Relativity." *Communications in Mathematical Physics* 25 (1972): 152-66.
——. *A Brief History of Time: From the Big Bang to Black Holes*. New York: Bantam Books, 1988.
Hawking, Stephen, and Werner Israel, eds. *Three Hundred Years of Gravitation*. Cambridge: Cambridge University Press, 1989.
Herschel, William. "Catalogue of Double Stars." *Philosophical Transactions of the Royal Society of London* 75 (1785): 40-126.
Hoffmann, Banesh. *Albert Einstein: Creator and Rebel*. New York: Viking,1972.
Holberg, J. B., and F. Wesemael. "The Discovery of the Companion of Sirius and Its Aftermath." *Journal of the History of Astronomy* 38 (2007): 167.
Hoyle, F., and William A. Fowler. "Nature of Strong Radio Sources." *Nature* 197 (1963): 533-35.
Hoyle, F., et al. "On Relativistic Astrophysics." *Astrophysical Journal* 139 (1964): 909-28.
Hubble, Edwin. "A Spiral Nebula as a Stellar System, Messier 31." *Astrophysical Journal* 69 (1929): 103-58.
Hufbauer, Karl. "J.Robert Oppenheimer's Path to Black Holes." In *Reappraising Oppenheimer: Centennial Studies and Reflections*, ed. Cathryn Carson and David A. Hollinger, 31-47. Berkeley: Office for History of Science and Technology, University of California, Berkeley, 2005.

Anna Beck. Princeton, NJ: Princeton University Press, 1987.
——. *The Meaning of Relativity*, 3rd ed. Princeton, NJ: Princeton University Press, 1950.
——. "Näherungsweise Integration der Feldgleichungen der Gravitation." *Sitzungsberichte der Königlich Preussischen Akademie der Wissenschaften* (1916): 688-96.
——. "On a Stationary System with Spherical Symmetry Consisting of Many Gravitating Masses." *Annals of Mathematics* 40 (1939): 922-36.
——. "On the Influence of Gravity on the Propagation of Light." *Annalen der Physik* 35 (1911): 898-908.
——. *The Swiss Years, Correspondence, 1902-1914*. Volume 5 of The Collected Papers of Albert Einstein, trans. Anna Beck. Princeton, NJ: Princeton University Press, 1995.
——. "Über Gravitationswellen." *Sitzungsberichte der Königlich Preussischen Akademie der Wissenschaften* (1918): 154-67.
——. "Zur Elektrodynamik beweger Körper." *Annalen der Physik* 17 (1905): 891-921.
Eisenstaedt, Jean. *The Curious History of Relativity*. Princeton, NJ: Princeton University Press, 2006.
——. "Light and Relativity, a Previously Unknown Eighteenth-Century Manuscript by Robert Blair (1748-1828)." *Annals of Science* 62 (2005): 347-76.
Ewing, Ann. "'Black Holes' in Space." *Science News Letter*, 18 January 1964, 39.
"Fascination with Celestial Events Is Deeply Ingrained." *Japan Report*, vols. 21-22. Japan Information Center, Consulate General of Japan, 1975.
Ferguson, Kitty. *Stephen Hawking: An Unfettered Mind*. New York: Palgrave Macmillan, 2012.
Ferrari, Valeria. In "Some Memories of Chandra." *Physics Today* 63 (December 2010): 49-53.
Ferreira, Pedro G. *The Perfect Theory*. Boston: Houghton Mifflin Harcourt, 2014.
Feynman, R. P., et al. *Feynman Lectures on Gravitation*. Reading, MA: Addison-Wesley,1995.
Finkelstein, David. "Past-Future Asymmetry of the Gravitational Field of a Point Particle." *Physical Review* 110(1958): 965-67.
"First True Radio Star?" *Sky and Telescope* 21 (March 1961): 148.
Fölsing, Albrecht. *Albert Einstein: A Biography*. New York: Viking,1997.
Fowler, Ralph H. "On Dense Matter." *Monthly Notices of the Royal Astronomical Society* 87 (December 1926): 114-22.
——. *Statistical Mechanics*. Cambridge: Cambridge University Press, 1929.
Friedman, John. In "Some Memories of Chandra." *Physics Today* 63 (December 2010): 49-53.
Friis, Harold. "Karl Jansky: His Career at Bell Telephone Laboratories." *Science*(1965): 841-42.
Gamow, George. Gravity. Mineola, NY: Dover, 2002.
——. *Structure of Atomic Nuclei and Nuclear Transformations*. Oxford: Clarendon Press, 1937.
Giacconi, Riccardo, et al. "Evidence for X Rays from Sources Outside the Solar System."

Wheeler. Dordrecht: Springer, 2010.

Cohen, I. B. "Newton." *Dictionary of Scientific Biography*, vol. 10. New York: Scribner's, 1974.

Comins, Neil F., and William J. Kaufmann. *Discovering the Universe: From the Stars to the Planets*. New York: Macmillan, 2008.

Conniff, James C. G. "Johnny Wheeler's Space Odyssey." *Today – The Philadelphia Inquirer*, 16 March 1975.

Crossley, Richard. "Mystery at the Rectory: Some Light on John Michell." *Annual Report, 2003*, Yorkshire Philosophical Society.

DeVorkin, David. H. "Steps Toward the Hertzsprung-Russell Diagram." *Physics Today* 31 (March 1978): 32-39.

DeWitt, Bryce. "New Directions for Research in the Theory of Gravitation." Winning paper submitted to Gravity Research Foundation's essay contest in 1953. See http://www.gravityresearchfoundation.org/pdf/awarded/1953/dewitt.pdf.

——. "Quantum Gravity: Yesterday and Today." *General Relativity and Gravitation* 41 (2009): 413-19.

"Discussion of Papers by A. S. Eddington and E. A. Milne." *Observatory* 58 (1935): 37-39.

Dyson, Freeman. "Chandrasekhar's Role in 20th-Century Science." *Physics Today* 63 (December 2010): 44-48.

——. "John Archibald Wheeler." *Proceedings of the American Philosophical Society* 154 (March 2010): 126-29.

Earman, John, and Jean Eisenstaedt. "Einstein and Singularities." *Studies in the History and Philosophy of Modern Physics* 30 (1999): 185-235.

Eddington, Arthur. *The Internal Constitution of the Stars*. Cambridge: Cambridge University Press, 1926.

——. "On 'Relativistic Degeneracy.'" *Monthly Notices of the Royal Astronomical Society* 95 (1935): 194-206.

——. "On the Relation Between the Masses and the Luminosities of Stars." *Observatory* 47 (1924): 107-14.

——. *Space, Time, and Gravitation*. Cambridge: Cambridge University Press, 1920.

——. *Stars and Atoms*. Oxford: Clarendon Press, 1927.

Einstein, Albert. "Autobiographical Notes." In *Albert Einstein: Philosopher-Scientist*, ed. Paul Arthur Schilpp, 1-95. Evanston, IL: Library of Living Philosophers, 1949.

——. *The Berlin Years, 1914-1917*. Volume 6 of The Collected Papers of Albert Einstein, trans. Alfred Engel. Princeton, NJ: Princeton University Press, 1997.

——. *The Berlin Years, Correspondence, 1914-1918*. Volume 8 of The Collected Papers of Albert Einstein, trans. Ann M. Hentschel. Princeton, NJ: Princeton University Press, 1998.

——. *The Berlin Years, Correspondence, May-December 1920, and Supplementary Correspondence, 1909-1920*. Volume 10 of The Collected Papers of Albert Einstein, ed. Diana Kormos Buchwald et al. Princeton, NJ: Princeton University Press, 2006.

——. *The Early Years, 1879-1902*. Volume 1 of The Collected Papers of Albert Einstein, trans.

and Michel Kervaire, 244-60. Helvetia Physica Acta, Supplement 4. Basel: Birkhäuser, 1956.
Boslough, John. *Stephen Hawking's Universe*. New York: W. Morrow, 1985.
Braccesi, Alessandro. "Revisiting Fritz Zwicky." In *Modern Cosmology in Retrospect*, ed. B. Bertotti, R. Balbinot, S. Bergia, and A. Messina, 415-23. Cambridge: Cambridge University Press, 1990.
Brancazio, Peter J., and A. G. W. Cameron, eds. *Supernovae and Their Remnants: Proceedings of the Conference on Supernovae, Held at the Goddard Institute for Space Studies, NASA 1967*. New York: Gordon and Breach Science, 1969.
Brewster, David. *Memoirs of the Life, Writings and Discoveries of Sir Isaac Newton*, vol. 1. Edinburgh: Thomas Constable, 1855.
Burbidge, G. R. "Possible Sources of Radio Emission in Clusters of Galaxies." *Astrophysical Journal* 28 (July 1958): 1-8.
——. "The Theoretical Explanation of Radio Emission." In *Radio Symposium on Radio Astronomy*, ed. Ronald N. Bracewell, 541-53. Stanford, CA: Stanford University Press, 1959.
Carter, B. "Axisymmetric Black Hole Has Only Two Degrees of Freedom." *Physical Review Letters* 26 (1971): 331-33.
Cassidy, David C. J. *Robert Oppenheimer and the American Century*. Baltimore: Johns Hopkins University Press, 2005.
Chadwick, J. "Possible Existence of a Neutron." *Nature* 129 (1932): 312.
Chandrasekhar, S. "Beauty and the Quest for Beauty in Science." *Physics Today* 63 (December 2010): 57-62.
——. "The Black Hole in Astrophysics: The Origin of the Concept and Its Role." *Contemporary Physics* 15 (1974): 1-24.
——. "The Density of White Dwarfs." *Philosophical Magazine* 11 (1931): 592-96.
——. "The Highly Collapsed Configurations of a Stellar Mass." *Monthly Notices of the Royal Astronomical Society* 91 (1931): 456-66.
——. "The Highly Collapsed Configurations of a Stellar Mass (Second Paper)." *Monthly Notices of the Royal Astronomical Society* 95 (1935): 207-25.
——. "The Maximum Mass of Ideal White Dwarfs." *Astrophysical Journal* 74 (1931): 81-82.
——. "Some Remarks on the State of Matter in the Interior of Stars." *Zeitschrift für Astrophysik* 5 (1932): 321-27.
——. "Stellar Configurations with Degenerate Cores." *Observatory* 57 (1934): 373-77.
——. *Truth and Beauty: Aesthetics and Motivations in Science*. Chicago: University of Chicago Press, 1987.
——. "Verifying the Theory of Relativity." *Notes and Records of the Royal Society* 30 (January 1976): 249-60.
——. "The White Dwarfs and Their Importance for Theories of Stellar Evolution." In *Novae and White Dwarfs*, vol. 3, ed. Knut Lundmark et al., 239-48. Colloque International d' Astrophysique, 17-23 July 1939, Paris. Paris: Hermann, 1941.
Chiu, Hong-Yee. "Gravitational Collapse." *Physics Today* 17 (May 1964): 21-34.
Ciufolini, Ignazio, and Richard A. Matzner, eds. *General Relativity and John Archibald*

参考文献

Adams, W. S. "An A-Type Star of Very Low Luminosity." *Publications of the Astronomical Society of the Pacific* 26 (1914): 198.

——. "The Spectrum of the Companion of Sirius." *Publications of the Astronomical Society of the Pacific* 27 (1915): 236-37.

Alexander, Tom. "Science Rediscovers Gravity." *Fortune* (December 1969): 100-104, 187-88.

Anderson, A. "On the Advance of the Perihelion of a Planet, and the Path of a Ray of Light in the Gravitation Field of the Sun." *Philosophical Magazine* 39 (1920): 626-28.

Baade, W., and F. Zwicky. "Cosmic Rays from Super-Novae." *Proceedings of the National Academy of Sciences* 20 (May 1934): 259-63.

——. "On Super-Novae." *Proceedings of the National Academy of Sciences* 20 (May 1934): 254-59.

Bartusiak, Marcia. "A Beast in the Core." *Astronomy* (July 1998): 42-47.

——. "Celestial Zoo." *Omni* (December 1982): 106-13.

——. *Einstein's Unfinished Symphony*. Washington, DC: Joseph Henry, 2000.

——. *Through a Universe Darkly*. New York: HarperCollins, 1993.

——. *Thursday's Universe*. New York: Times Books, 1986.

Beckedorff, D. L. "Terminal Configurations of Stellar Evolution." AB thesis, Princeton University, Department of Mathematics, 1962.

Begelman, Mitchell, and Martin Rees. *Gravity's Fatal Attraction: Black Holes in the Universe*. New York: Scientific American Library, 1996.

Bekenstein, Jacob D. "Black Holes and Entropy." *Physics Review* D7 (1973): 2333-46.

——. "Black Hole Thermodynamics." *Physics Today* 33 (January 1980): 24-31.

Bessel, F. W. "On the Variations of Proper Motions of Procyon and Sirius." *Monthly Notices of the Royal Astronomical Society* 6 (1844): 136-41.

Beyerchen, Alan. *Scientists Under Hitler: Politics and the Physics Community in the Third Reich*. New Haven: Yale University Press, 1977.

Bohr, Niels, and John Archibald Wheeler. "The Mechanism of Nuclear Fission." *Physical Review* 56 (1939): 426-50.

Bolton, C. T. "Dimensions of the Binary System HDE 226868 = Cygnus X-1." *Nature Physical Science* (11 December 1972): 124-27.

——. "Identification of Cygnus X-1 with HDE 226868." *Nature* 235 (1972): 271-73.

Bond, George P. "On the Companion of Sirius." *American Journal of Science* 33 (1862): 286-87.

Born, Max. "Physics and Relativity." In *Fünfzig Jahre Relativitätstheorie*, ed. André Mercier

【や　行】

【ら　行】

【わ　行】

【欧文・数字】

【ま　行】

【な　行】

【は　行】

【た　行】

【さ　行】

【か　行】

索引

【あ 行】

【著者】
マーシャ・バトゥーシャク（Marcia Bartusiak）
天文学・物理学関係のジャーナリスト、サイエンス・ライターとして活躍する一方、マサチューセッツ工科大学では、サイエンス・ライティング・プログラムにおける客員教授として大学院生の指導にあたっている。1971年アメリカン大学（ワシントンDC）を卒業、テレビ局で記者・キャスターを務め、NASAラングレー研究所の担当になって科学への関心を強め、オールド・ドミニオン大学の物理学修士課程に入学、応用光学分野の研究を行なっている。その後、サイエンス・ライターとしてさまざまな出版物で天文学・物理学の記事を書き、『ニューヨークタイムズ』、『ワシントンポスト』などで科学書の書評を担当している。1982年アメリカ物理学協会のサイエンス・ライティング賞を女性で初めて受賞し、2001年には二度目の受賞をしているほか、サイエンス・ライティング分野で数多くの賞を受賞している。

【訳者】
山田陽志郎（やまだ・ようしろう）
東京学芸大学大学院修士課程修了（天文学／理科教育）。東京と横浜の科学館で、長年天文を担当。国立天文台天文情報センター勤務を経て、相模原市立博物館の天文担当学芸員を務める。人工衛星追跡PCソフトOrbitronの翻訳者。最近では、小学校高学年向け『宇宙開発』（大日本図書）を執筆。訳書にはドナルド・ヨーマンズ著『地球接近天体』（地人書館）がある。小惑星9898番Yoshiroは、発見者と推薦者の厚意により提案され、IAU（国際天文学連合）により命名。

ブラックホール

アイデアの誕生から観測へ

2016年8月1日　初版第1刷

著　者　マーシャ・バトゥーシャク
訳　者　山田陽志郎
発行者　上條　宰
発行所　株式会社　**地人書館**
　162-0835 東京都新宿区中町15
　電話 03-3235-4422　　FAX 03-3235-8984
　郵便振替口座 00160-6-1532
　e-mail chijinshokan@nifty.com
　URL http://www.chijinshokan.co.jp/
印刷所　モリモト印刷
製本所　カナメブックス

ISBN978-4-8052-0901-1

●好評既刊

日食計算の基礎
日食図はどのようにして描くか
長沢 工 著
A5判／二八八頁／本体三八〇〇円（税別）

日食計算では、その過程に、ニュートン法、はさみうち法、繰り返し代入法など方程式の数値解法や、最小二乗法、コンピュータ作画など、応用数学のさまざまな技法が適用される。だから、その過程で変化に富んだ数値計算の醍醐味を味わうこともできる。日食計算は、天文計算の極致を体験するものだといってもよい。

地球接近天体
いかに早く見つけ、いかに衝突を回避するか
ドナルド・ヨーマンズ 著／山田陽志郎 訳
A5判／一八四頁／本体二六〇〇円（税別）

私たちにふりかかるかもしれない自然災害のうち、巨大彗星や小惑星の落下は、わずか一撃で私たちの文明を滅ぼしてしまう可能性がある。著者はこれらの地球接近天体の脅威を理解する助けとなる最新情報を提供し、このような天体の初期の崩壊が地球生命を可能にした物質をどのようにもたらしたかを説明する。

誰でも楽しめる星の歳時記
人と宇宙が紡ぐ風物詩
浅田英夫 著
A5判／一四四頁／本体一八〇〇円（税別）

星空や暦にまつわる折々の話題をひと月ごと歳時記風に紹介。著者が科学館・プラネタリウムなどでの講演会で好評を得たテーマを厳選し、遠い昔の物語から最新の話題まで、さまざまな星の話題が、星図・や星座絵、写真、イラストを織り交ぜ満載されている。悠久の時の流れを越えて繋がる“天文楽”を楽しむ。

驚きの星空撮影法
デジタル一眼と三脚だけでここまで写る！
谷川正夫 著
A5判／一四四頁／本体二三〇〇円（税別）

星空写真撮影を誰もが手軽に楽しむための「超固定撮影法」を紹介。赤道儀などの機材を一切使わず、デジタル一眼レフカメラと三脚だけで美しい星空や明るい星雲星団が撮影できる。従来の撮影には不可欠だった北極星による赤道儀の設置は不要となり、北極星の見えない南半球はじめ世界中どこでも同じ方法で撮影できる。

●ご注文は全国の書店、あるいは直接小社まで

㈱地人書館　〒162-0835 東京都新宿区中町15　TEL 03-3235-4422　FAX 03-3235-8984
E-mail=chijinshokan@nifty.com　URL=http://www.chijinshokan.co.jp